//
環境教育学原論

科学文明を問い直す

鈴木善次

東京大学出版会

The Basics of Environmental Education:
Re-evaluating Today's Scientific Civilization
Zenji SUZUKI
University of Tokyo Press, 2014
ISBN978-4-13-060225-9

はじめに

　2000年1月1日のある新聞紙面に「明けましてミレニアム」という見出しが載せられていた．ご承知のように「ミレニアム」(千年紀)とはキリスト誕生の年から1000年単位で区切られた時間概念であり，その日は3回目の「ミレニアム」スタートの日であった．この年の9月，ニューヨークでは「国連ミレニアム・サミット」が開かれ，21世紀の国際社会の目標「より安全で豊かな世界づくり」への協力を約束する「国連ミレニアム宣言」が採択された．その宣言では貧困の撲滅，人権やジェンダー問題の解決，平和・安全の維持などと共に「共有の環境の保護」が謳われた．

　同じ年の12月，国内では環境省が第二次環境基本計画を発表して，そのサブタイトルを「環境の世紀への道しるべ」と名づけ，その「前文」で"私たちは，今までに，環境からより多くのものを得ようとして環境に大きな負担を与えてきた20世紀を終え，環境と共に生きる「環境の世紀」に移行しようとしている"と述べ，21世紀を「環境を大切にする世紀」と位置付けた．

　このように国際機関や国内の環境行政における「環境」を重視する提言や政策方針に接し，多くの人は「ミレニアム」や「環境の世紀」という言葉と共に，この新しい世紀を「希望の光」をもって迎えたのではないか．筆者もその一人であった．

　今回，本書を公にするに当たって改めて当時のいくつかの新聞記事に目を通してみた．その中の一つ「21世紀の始まりに」と題する「社説」(2001年1月1日，朝日新聞)の出だしの部分で紹介されていた事柄が大変印象的であった．

　上に紹介したように新しい時代を迎えるとき，これまでとは違った「何か」を人々は期待する傾向がある．その「社説」によれば，20世紀の初頭も多くの人々は科学技術の進歩への期待から，総じて明るい未来を予測していたそうである．しかし，現実には国家間の対立の激化が早々に世界大戦の続発を招き，20世紀は「戦争の世紀」へと暗転し，科学の進歩も「総力戦」遂行の

大量殺戮に動員されることになったと．

　筆者の手元にはその「戦争の世紀」さなかの小学生時代を思い起こさせる品物が2点ある．一つは小学校3年のとき，書き初めの全国大会に出品した掛け軸．そこには「軍用犬少年兵　初三　鈴木善次」という文字が書かれている．「初三」とは「国民学校初等科三年」という意味．戦時中，小学校は「国民学校初等科」と呼ばれていた．筆者はこの書き初めの言葉を「真剣に」受け止め，筆を運んだと記憶している．

　もう一つは小学校5年のとき，集団疎開先のお寺の和尚さんに買っていただいた『トムソンの科学物語』（全4巻のうち第1巻，淡海堂出版部，昭和15年12月30日初版，筆者の書蔵するものは昭和16年2月25日発行の第3版）．原書はイギリスの博物学者J.アーサー・トムソンの『科学体系』であり，それを日本の少年たちにわかりやすく，松平道夫という人によって紹介された本．「序」には「科学の時代」である現代，生活が豊かになったのは科学のおかげ，国力が増大するのも科学の力．その科学を盛んにするためには少年時代より科学の真髄を理解する必要があるという出版目的が記されている（昭和11年9月）．本の中身からは「戦争」に繋がるものは見られないが，それを読む「環境」はまさに「戦時下」，「科学の真髄」の理解どころではなかった．

　その「科学」や「科学技術」は，これから本書で検討しようとする「科学文明」の重要な二つの要素であり，それらがどのように利用されるかによって，人々の生活への影響は大きく異なってくる．「戦争の世紀」と関連付けるならば，食料増産を目指して開発された農業用トラクターから戦車が，鳥のように自由に大空を飛びまわりたいという人々の夢を実現させた飛行機から戦闘機が，それぞれつくられるなど，「科学戦」といわれた第一次世界大戦にはいくつもの科学技術が使われ，さらに第二次世界大戦にはそれを質的にも量的にも上回る科学技術が動員された．結末は「社説」のとおりである．

　では，21世紀はどうであろうか．すでに今世紀も14年目を経過しつつある．先の「ミレニアム宣言」を受けてつくられた「ミレニアム開発目標」，それらの多くは「先進国」と「発展途上国」間の格差から生じている問題，たとえば，「貧困」「安全な飲み水の不足」「教育における男女格差」など，の軽減や解消を目指すというものであるが，その目標達成期限が来年（2015年）

に迫っているものもある．はたしてそれらは実現できるのであろうか．

　さらに，戦争（紛争）も局地的ではあるが，民族や宗教の対立などに起因して頻発しており，尊い多くの命が犠牲にされている．筆者から見れば，「戦争」は最大級の人間環境の破壊であり，「貧困」「人権問題」などと共に人間にとっての重大な「環境問題」である．筆者がそのように考える理由などは，「環境」という言葉の意味も含めて本書で詳しく述べているのでご検討いただきたい．このままの状態が続けば，21世紀は環境省が目指す「環境の世紀」にふさわしくないことになる．そうならないためにはどうするか．

　先の「社説」では，ちょうどその年が国連によって提案された「文明間の対話年」であり，その契機をつくったイランのハタミ大統領が来日し，国会で異なる文明や思想を互いに尊敬しつつ，対話と交流を図ることの大切さを訴えたことを紹介していた．このことは筆者が本書の副題「科学文明を問い直す」で提起していることに繋がる話である．

　この「対話」に関しては本書第2章で紹介するように，「環境」関連では，1972年のストックホルムの国連人間環境会議，1992年ブラジル・リオでの「地球サミット」などが20世紀後半の半ばから行われてきており，その延長として今世紀の2002年に南アフリカ・ヨハネスブルグを会場にした「持続可能な開発に関する世界首脳会議」がもたれている．

　これら一連の会議で早くから取り上げられてきている課題の一つが「人々の環境への関心・認識などを高める活動」，すなわち本書の主題である「環境教育」の推進である．ほぼ40年間，各国で環境教育に関する研究・実践などが行われ，途中からは環境教育の概念も広がり，「持続可能な開発のための教育」（ESDと略記），あるいは「持続可能な社会（構築）のための教育」などという位置付けもされるようになった．

　そしてヨハネスブルグの会議では，日本から提案された「持続可能な開発のための教育の10年（2005〜2014）」（DESDと略記）が採択され，ユネスコを中心に各国で多様な活動が展開されてきた．今年はその最終年に当たる．まもなくその活動を総括する国際会議が日本で開かれる．はたしてどのような成果が示されるのか，期待している．

　ところで，そのESDと環境教育との関係であるが，ESDにかかわる組織の違いによって異なった解釈がされているように見える．文部科学省ではユ

ネスコ国内委員会が担当している関係か，環境教育がESDを構成する国際理解教育，エネルギー教育，世界遺産・地域の文化財にかかわる教育などいくつかの教育分野の一つであるという意味の図が描かれている．一方，環境省の図ではESDの大きな部分を占めるものとして環境教育が示され，その環境教育とかかわりをもつ形で国際理解教育などが組み込まれたものになっている．

こうした環境教育に対する評価の違いは「環境教育とは何か」ということの認識，理解などの違いに起因しているのであるが，その状況は環境教育に携わっている人たちの間でも見られてきていることである．以前，筆者が所属している日本環境教育学会でもこの問題が取り上げられ，その解決のため，まず「環境教育の全体像はどのようなものであるか」を示したらどうかという意見も出されたこともある．

この「全体像」づくり，すなわち「体系化」についての筆者の試みは本書第3章で詳しく論じているが，その過程で筆者が気になったことの一つは「環境」という概念についての人々の考えの違いであった．この「はじめに」で述べたように「戦争」は最大級の「環境破壊」であると述べたり，「人権問題」も「環境問題」であると記したりしているが，これらをお読みになってどう思われたか．

さらに「環境問題は文明問題である」ということも本書序章をスタートにして全章を通して主張しているが，「文明」と「環境」の結び付けも筆者の「環境」概念の解釈からもたらされている．「文明」は人間の一つのライフスタイルであり，そのライフスタイルは人間と「環境」とのかかわり方の姿である．この関係を教育に置き換えると「環境教育は文明のあり方を再考するための中心的な教育活動である」ということになる．

本書はこれまでほぼ40年にわたって「環境」関係の教育活動にかかわってきた筆者の経験をもとに，また多くの環境教育および関連分野の研究者・実践者たちによってもたらされた成果を参考にさせていただきながら「そもそも環境教育とは何か」という大きな課題に取り組み，現時点で見出した筆者の考えを示したものである．本書の構成などは序章の最後に紹介してある．

欠点だらけのものであるが，まずはご一読いただき，忌憚のないご意見をいただければうれしく思う次第である．

目　次

はじめに……………………………………………………………………… i

序　章　環境教育学構築への一つの試み ………………………………… 1
　1　「環境問題は文明問題である」という意識の形成 ………………… 1
　　　(1) 公害教育 1　(2) 人間環境論 2
　2　環境教育体系化の必要性 ……………………………………………… 4
　　　(1) 人間環境教育論 4　(2) 環境教育体系化の一つの試み 6
　3　「環境教育学」構築に向けて ………………………………………… 7

第1章　人間環境と科学文明 ……………………………………………… 13
　1.1　人間環境とは何か ………………………………………………… 13
　　　1.1.1　「環境」という概念　13
　　　1.1.2　人間環境の諸相　20
　1.2　科学文明とは何か ………………………………………………… 24
　　　1.2.1　科学文明の特徴　24
　　　1.2.2　人類史における「科学文明」の位置づけ　30
　1.3　人間環境と科学文明の関係 ……………………………………… 37
　　　1.3.1　科学文明による人間環境の変化　37
　　　1.3.2　科学文明に由来する環境問題解決の方策　47
　　　BOX1　「牛乳パック回収」から「Rびんプロジェクト」へ　50

第2章　科学文明と環境教育 ……………………………………………… 57
　2.1　環境教育誕生の背景とその歴史的変遷 ………………………… 57
　　　2.1.1　環境教育登場以前の教育の動向　58
　　　2.1.2　日本における環境関連教育の先駆的活動　62
　2.2　環境教育の成立とその目的・目標 ……………………………… 68
　　　2.2.1　環境教育成立の過程　68
　　　2.2.2　環境教育概念の変化　73
　2.3　環境教育学（環境教育に関する研究）…………………………… 77
　　　2.3.1　環境教育学の研究領域と研究方法　78
　　　2.3.2　環境教育学に関連する諸学問　83

BOX2 「人と野生動物のよき付き合い方」を求める「旅」 87

第3章 環境教育の体系化 ……………………………………………97
  3.1 環境教育における基本的概念 …………………………………97
    3.1.1 「廃棄物（ゴミ）」問題から浮かび上がるキー・コンセプト 98
    3.1.2 「食料」不足，「資源」枯渇などの問題から見出せるキー・コンセプト 100
    3.1.3 「熱帯林の減少」という環境問題などから考えられるキー・コンセプト 103
  3.2 環境教育の学習内容とその扱い方 ……………………………106
    3.2.1 「科学文明登場以前の自然的環境とその人為化」に関する学習 107
    3.2.2 「科学文明登場以後の人為的環境」に関する学習 112
  3.3 環境教育体系化の試み ……………………………………………118
    3.3.1 「環境教育」レベルでの体系化 118
    3.3.2 環境教育とそれに関連する主な教育を含めた体系化 120

第4章 環境教育の実践 ………………………………………………131
  4.1 環境教育の学習主体 ………………………………………………131
    4.1.1 環境教育と環境学習 131
    4.1.2 学習主体 135
  4.2 環境教育の学習環境 ………………………………………………139
    4.2.1 学習環境のシステム・制度的側面 139
    BOX3 地域の環境教育システムづくりを目指して 142
    4.2.2 学習環境の人的側面 145
    BOX4 こどもエコクラブを支えるサポーターたち
        ——「せいわエコクラブ」の実践 147
    4.2.3 学習環境の施設的側面 150
    BOX5 動物園を利用した環境教育実践 155
    BOX6 大震災と学校ビオトープづくり 160
  4.3 環境教育の学習・実践方法と評価 ……………………………163
    4.3.1 環境教育の学習・実践方法とその視点 163
    BOX7 成城学園初等学校「散歩科」の実践 167
    4.3.2 環境教育における学習評価論——「学力」とは何か 173

第5章 環境教育の「統合的プログラム」 …………………………181
  5.1 人間環境の基本的要因からのアプローチ ……………………181
    5.1.1 「食環境」を軸にした統合的プログラム 182
    5.1.2 「水環境」を軸にした統合的プログラム 190

 5.2　環境教育と関連する教育・学問分野からのアプローチ ………… 198
   5.2.1　環境教育とSTS教育の統合的プログラム　199
   5.2.2　環境文学と環境教育の統合的プログラム　205

終　章　展望——望ましい文明と環境教育・環境教育学構築を目指して………… 217
 1　これまでの「まとめ」……………………………………………… 217
  (1)　環境教育の定義・再確認　217
  (2)「科学文明」を視座とする意義や理由など・再確認　218
  (3)「環境教育」は21世紀の教育の中核であるという確信　219
  (4)　環境教育の実践における学習者の主体性尊重と「共育」の大切さ・再確認　220
  (5)「総体としての人間環境」把握の大切さ・再確認　221
 2　今後の環境教育のあり方および環境教育学構築への道 ………… 222
  (1)「科学文明」再考につながる「環境教育」(ESD)とは？　222
  (2)　環境教育学構築への道　223

おわりに ……………………………………………………………………… 227
索引 …………………………………………………………………………… 229

序 章
環境教育学構築への一つの試み

　「環境教育」という言葉が聞かれるようになって久しい．これまで「環境教育」に関連する著書も数多く出版されてきている．そうした状況の中で新たに本書を公にすることになった．何か目新しいことがあるのか，と思われる人もおられるであろう．強いて探せば題名に「環境教育学原論」という言葉が使われていることであろうか．また，副題の「科学文明を問い直す」というのはどういうことなのか．ここでは「自分史」と重ねながら，それらについて説明し，その上で本書出版の意味を述べる．

1　「環境問題は文明問題である」という意識の形成

（1）公害教育

　筆者が「環境教育」（以下，「環境学習」を含めた意味．「学習」は自主的な活動を強調する場合に使われる）なるものが存在することを知ったのは1970年ごろである．科学技術立国を目指していた日本は1950年代から1960年代にかけ，その基盤としての理科教育の振興策を打ち出した．その一つが「理科教育振興法」（法律第186号，1953年8月8日）であり，その中で教員の理科指導力を伸ばすために各都道府県の任務として理科にかかわる研修機関を設置することなどの方策が示された．それを受けて1960年代はじめから各地に「理科教育センター」や理科研修部門をもつ「教育センター」などが設けられ，教員に対する研修が行われることになった．筆者は1964年に設置された神奈川県立教育センターの「生物」研修担当所員として1965年から小・中・高校の先生方と学び合っていた．

　そのころ公害が大きな社会問題になっていた．水俣病，新潟水俣病，四日市ぜんそく，イタイイタイ病という四大公害をはじめ，全国各地で大気汚染，

水質汚濁，土壌汚染，騒音などが顕現化した．1964年に東京都で小中学校公害対策研究会が組織されたり，四日市でも研究所が中心となって公害対策教育の研究が開始されたりして，子どもたちの命を守ろうとする運動が見られるようになる（第2章〈2.1〉）．

1970年は国会で「公害」が集中的に議論された年であり，行政においても学校での公害問題の扱いに関心が示されるようになる．東京都では学校の副読本として『公害のはなし』（1971年3月）（*1）が刊行されたが，筆者が勤めていた神奈川県でも冊子を作成することになり，私たち教育センター理科研修担当にその任が課せられた．そこで筆者らは，教育にかかわりあう者として何らかの働きかけをすべきであると考え，理科教育という視点から検討を始めた．当時はまだ「公害教育」や「自然保護教育」がいかなるもので，そのあるべき姿も議論の渦中にあった．生態学，生物分類学，気象学，地域開発論，教育論などの分野から専門家，実践者たちをお招きしてご意見をいただいた．それらを受けて，「環境保全」のことを考え実践しうる人々を育てることに焦点を当てた冊子づくりを目指すことにした．その結果出来上がったのが『自然保護（環境保全）と理科教育』（76ページ，1971年10月）という教員向けの冊子である．したがって，主として自然保護教育に関連する内容になり，東京都のように「公害」そのものを取り上げるものにはならなかった．もちろん，当時の環境問題（大気汚染・水質汚濁・廃棄物など）の全国的・神奈川県内それぞれの状況の概要は紹介し，先生方の参考にしていただいた．

筆者は学生時代から学んでいた科学史の視点で「公害」や「自然破壊」などの環境問題を検討し，それらが現代の科学文明の抱える問題（政治・経済・社会など，科学技術開発のあり方など）であるとする立場からこの冊子の作成に参加し，はじめの章で「自然認識の歴史」など文明論的な視点の大切さを強調した．

（2）人間環境論

それから2年後（1973年），筆者は山口大学教養部に新設された「人間環境論」という名称の学科目（講座制でない教養部での教員ポスト名）を担当することになった．それまで，大学の教養課程では人文・社会・自然の各分野

にそれぞれ関連する授業（講義）科目が置かれており，学生たちはそこから必要とする科目を選択していた．当時，大学教育全般，特に教養課程のカリキュラムや講義内容などに対する学生たちの不満は大きく，その改善策の一つとして三つの学問分野の壁を乗り越えた，あるいはアップ・ツー・デートな内容を学ぶことを目指した総合科目の設置が進められていた．山口大学の「人間環境論」はそのような趣旨のもと生まれた学科目であった．今では，よく見聞きする「人間環境論」（あるいは「人間環境学」）という言葉であるが，当時はめずらしい学科目（講義）名であり，国立大学では最初のものであったと記憶している．

筆者は「人間環境論」の講義内容を検討した．幸いなことに「人間環境学」でなく，「人間環境論」であるのでかなり自由に構成することができた．ほぼ10年間，その名称のもとで講義を行った．初期のころに比べて多少の変更はあったが，大まかには，人間環境を構成する「要因」（「要素」ともいう）としての大気，水，土，他の生物，人間，都市，エネルギー・資源などを話題にし，科学史家の立場から，それらが科学や科学技術の発達によってどう変化したのかなどを学生たちと考えた．この過程からも「環境問題は文明問題である」という意識が増幅された．なお，講義内容を主にまとめたものが拙著『人間環境論—科学と人間のかかわり』（明治図書，1978年）である．

ところで「環境教育」というと学校教育，特に小・中・高校などでの教育が思い浮かぶが，当然大学や一般社会における環境教育が存在する．その意味で筆者の「人間環境論」は大学レベルでの環境教育の「実践」である．この間に東京学芸大学に事務局が置かれていた環境教育研究会（1976年設立，1989年解散）に属し，その機関誌『環境教育研究』に実践報告を掲載している（*2）．

また山口大学時代，環境や環境問題に関心をもつ市民とともに「山口の環境を考える会」という組織をつくり（図1参照），地域の環境を通して自分たちの生活のあり方を考える学習会や見学会などを開いた．山口市は県庁所在地では全国で一番人口の少ないところであった．街の中央を流れる川にゲンジボタルが乱舞するので有名であるが，一時，コンクリート張りの護岸工事のためにホタルが激減したのに対して，一市民の訴えでホタルもすめ，洪水防止も可能な川がつくられた．先の「山口の環境を考える会」はその一市民

図1 「山口の環境を考える会」機関誌・表紙

らとともにつくったものである．この会では『人間と環境』という機関誌が発行され(1979年創刊)，会員の環境に関するさまざまな思いや活動の様子などが載せられた．筆者はその「創刊号」で「人間環境と科学文明」なる拙文を載せ，科学技術のあり方を考え直すことの必要性を訴えたが，これも「科学文明」再考へのステップであった(*3)．

2　環境教育体系化の必要性

（1）人間環境教育論

　1983年，筆者は山口大学から理科教育を教育・研究する担当者として大阪教育大学へ転任した．そこでは講義科目として「理科教育」の他に「環境科学教育」というものが準備されていた．前任者が生態学を主体にした講義と実験・観察を担当されていた．ここで問題なのは「環境科学教育」と「環境教育」の違いである．この場合の「環境」はいずれも「人間にとっての環境（人間環境）」であり，「環境科学」は人間環境を科学的に研究する学問である(*4)．その教育といえば環境科学関連の研究者養成と環境科学によって得られた知識の普及活動などが考えられる．しばらく，そのままであったが，カリキュラム改正を機に「環境科学教育」を「環境教育論」に変更し，理科専攻学生対象であったが，教員養成課程の中に「環境教育のあり方」などを学

ぶ講義を設置した．筆者はここに「人間環境論」を含めて「人間環境教育論」へと教育・研究の領域を変更させたのである（*5）．

　大阪では大学での教育・研究の他に学内外で環境教育に関心をもつ人たち（教員，市民など）と一緒に環境教育に関する研究会を立ち上げ，日本環境教育学会設立時（1990年）にはそれを母体にして関西支部を組織し，以後，毎月のように研究会を開いた．この活動は現在でも続けられている．

　このころ環境庁（当時）が「環境教育懇談会」（1986年）を設け，環境教育のあり方などを検討，その報告書（1988年）を公にした．また文部省（当時）も「環境教育指導資料」（1991年，1992年）を発行するなど環境教育への関心が広がり始めていた．このうち「懇談会」の答申を受けた環境庁は環境教育の推進を図るために地方自治体に対してそれぞれの環境教育基本方針づくりを促した．いち早く対応した大阪府の環境行政は教育委員会と連携し，筆者を座長にした委員会を組織，小（低学年，中学年，高学年）・中・高校用の「環境教育の手引」（1991～1994年）を順次作成し，各学校に配布した．さらに筆者もかかわって大阪市や府下のいくつかの市で手引書や副読本が出され，環境教育推進の輪が広がった．

　ところで，当時筆者は学校関係での講演会や研究会でよく質問をいただいたが，その内容は「環境教育とは何か．どう教えたらよいのか」という基本的なものから「自分は音楽の担当だが，音楽でも環境教育はできるのか」などご自分の教科と関連づけたものまで幅広いものであった．また，市民を対象とした講演会でも「環境保全活動として空き缶回収活動もあれば，自然観察会もある．これらはどうつながるのか」とか，「街並みウオッチングも環境教育であるといわれることがあるがどうしてか」などの質問を受けることがあった．

　1994年から10年間，日本児童教育振興財団が主催した「全国小学校・中学校環境教育賞」というコンクールの審査委員をさせていただいた．この間応募された実践校は小学校が延べ約2000校，中学校が延べ約700校であった（*6）が，それらの活動の幅の広さは予想されたとおりであった．教科としては理科，社会，生活科が多く，さすがに算数・数学，音楽は少なかった．活動内容では自然系では観察，飼育・栽培，花壇づくりなど，社会系では資源回収・リサイクル，伝統文化など，他に清掃，ボランティア，倫理など．

このコンクールの審査過程で、あるいは先の質問内容などから筆者が気になったことは、それぞれの活動が環境教育の全体像においてどのような位置づけにあるのかを認識した上で行われているのかどうかということであった．そのためには前提として環境教育の全体像を構築する必要があると考えた．

(2) 環境教育体系化の一つの試み

筆者は、「本来、環境教育は自らを含め、人々のライフスタイルのあり方を問い直すための教育，意識変革を促す教育である」と考えていたので、「環境教育とは何か．どう教えたらよいのか」と質問される人たちには、「自らが人間を取り巻く環境の現状を把握され，それとの関連において今日の教育を見直し，改めるところがあれば正し，実践していくものであり，他から与えられるものではない」(*7)とお答えすることが多かったが，あくまでも環境教育を他人事として受け止めてほしくないからであった．当然，実践にあたる学校なり環境保全活動の団体なりで，それぞれの考えをもち寄り，学校や団体としての環境教育の全体像が描かれることが望ましい．

そのことを承知の上で筆者は，当時話題になっていたイギリスでの環境教育に関する三つの構成要素「Education about Environment（環境についての教育）」「Education in, with Environment（環境の中における，あるいは環境を用いての教育）」「Education for Environment（環境のための教育）」という考え方(*8)を組み込んだ全体像を示した(*9)（第 3 章参照）．そこには「教育目標」があり，そこに至るための知識・能力・態度・実行力などを身につける「教育段階」がある．前項で例にした質問の「空き缶回収活動」は主として「環境のための教育」であり，「自然観察会」は「環境についての教育」（この場合の「環境」は自然的環境）と「環境の中での教育」に位置づくものである．もう一つの例「街並みウオッチング」は同じように「環境について」「環境の中」がかかわる活動であるが，こちらの「環境」は「人為的環境」（第 1 章参照) である．

筆者はそのときの教育目標として「環境（文明）問題への意思決定能力・環境倫理観の育成」を掲げた．それから 10 年後（2004 年），同じような図 (p. 119, 図 6 参照) の目標欄では『望ましいライフスタイル・文明（「持続可能な社会の構築」)，「エゴ」から「エコ」への意識変革』という言葉に変更し

た(*10).2002年,南アフリカのヨハネスブルグで開かれた「持続可能な開発に関する世界首脳会議」の際に取り決められた「持続可能な開発のための教育」(ESD)を反映させたものである.

ところで,ここに示した二つの環境教育の目標にいずれも「文明」という言葉がある.前者では「環境(文明)問題」としているが,これは「環境問題は文明問題である」という意味であり,後者の「ライフスタイル・文明」は「文明」を「ライフスタイル」の一つの種類として位置づけたものである.筆者の「文明」という言葉は多くの人が都市を中心に生活する「ライフスタイル」を指している.特に現代の「文明」を指して「科学文明」ともいうが,それはライフスタイルの中に「科学」,とりわけ「科学技術」が大きなかかわりをもっているからである.そうなると現代の環境問題は科学文明の問題であるということであり,環境教育の目標に掲げた「望ましいライフスタイル・文明」ということは「科学文明を再考する」ということにつながる(第1章,第2章参照).

いずれにせよ,この体系化の試みで筆者は「現代の環境問題は科学文明問題」と「環境教育体系化の必要性」という二つの認識を統合させる第一歩を記したのである.

3 「環境教育学」構築に向けて

さて,以上の「自分史」を踏まえて本書出版の意味などを述べることにしよう.まず,タイトルにある「環境教育学」という言葉について.

最近,日本環境教育学会や環境関連の団体などで「環境教育学」の構築を目指す動きやそれに関する議論がある(*11).詳細は第2章で紹介するが,そもそも「環境教育論」と「環境教育学」との違いとはどのようなことなのだろうか.そのことを議論する前に他の分野,たとえば筆者が学んだ生物学の事例を紹介してみよう.ダーウィンたちが「進化論」を提唱して以来,長らく「進化の事実」自体が議論され,「創造論」との対立が続いてきたが,今では「事実」は肯定され,「進化の過程」や「進化のしくみ」などを巡って,その科学的研究内容などの議論が展開されており,多くの研究者が「進化学」という言葉を使うようになっている.「進化」に関する論理的・実証的プロセ

スを経て得られた情報が蓄積され，体系化が進んできた結果であろう．「進化学」が「生物学」の一つの分野として市民権を得たのである．

　しかし，こうした自然現象を対象とする学問分野とは異なり，人間のあり方を対象とする教育の分野ではどうであろうか．上の例に関連づけて「生物教育」で検討してみよう．人間教育に関して，時代によって変化することのない本質的なものは存在するはずであるが，社会の動向などによって目標が異なることがあり，それによって教育内容や方法も違ってくることがある．筆者の経験では1960年代に欧米で始まった科学教育の現代化運動が日本に導入され，生物教育でも知識の習得か，研究方法の習得か，いずれを重視するかによって内容が大きく異なったことがある．たとえば「分類」という学習が前者では生物の進化・系統を認識させることに，後者では物事を分類する能力の習得にそれぞれ力点が置かれた．当然，カリキュラムや教材に違いが生じた．

　これまでにも多様な「生物教育論」が登場してきたが，「生物教育学」としてはどうであろうか．筆者も属していたことがある日本生物教育学会という組織はあるが，研究発表などでは「生物教育学」自体についての議論はなかったように記憶している．

　では，環境分野ではどうであろうか．最近，「環境論」でなく「環境学」「環境学入門」などという言葉のついた書物（単著，シリーズもの）が目につくようになった．それらを見ると残念ながら「環境学」という言葉の定義を明確にしているものはあまりない．中味を見ると，さまざまな既存学問から「環境」なるものを研究・教育しているものが多い．その中で早くに一人の著者によって書かれた「環境学」（＊12）では「地球環境の有限性に立脚して，人間が，その活動を適正状態に制御することを目的として構築される学問」という定義がされていた．その上で，この定義に賛同，連携し，新たな方法論のもとで既存の学問を再構築しようという立場であった．また，19名という多人数の著者による討論を通してつくられた『環境学原論―人類の生き方を問う』と題する書（＊13）も出版されており，ここでは"環境問題の解決には……メタレベルの「環境学」の原論が必要である"（同書「はじめに」）として自然科学，人文・社会科学の観点から「価値」を基軸にして「いのち」「経済」「環境」を絡ませた視点を読者に提供することを目指していた．「環境学」という

言葉の厳密な定義はされていないが，多様な「環境研究分野」の総合化の一つの試みとして興味を引く著作である．

さらにほぼ同じころ「人間環境学部」開設（2002年）を間近に控えた広島修道大学でも多様な分野からの19名の担当教員による『人間環境学入門』なる著書が準備された（*14）．その序章「人間環境学とは何か」でこの言葉が必ずしも定着しているものではないが，それぞれの担当者は"人間という生きる主体と，人間が置かれている自然環境ないし人間活動が作り出した社会環境との複雑な関係性を，総体的に解き明かそうとする方向で一致している"と述べ，その体系化を目指していた．

さて，環境教育ではどうであろうか．「環境教育論」であれば，その目的，目標，内容，方法などはそれぞれの論を提案する人によって異なってもよいし，当然そうなるであろう．もし，「環境教育学」とするならば，少なくとも学問体系に必要な目的，目標，方法，内容などのうち，特に目的，目標ではその分野に携わる人たちの共通した認識，理解などが必要になるであろう．そのためにはいろいろな立場の人による「環境教育学」論の提案と議論が必要になる．なお，第2章で取り上げるが，以前より『環境教育学研究』という冊子（*15）が，またあとでも紹介するが最近では『環境教育学』というタイトルの著書（*16）が出版されている．

今回筆者はその議論のための一つの素材として本書を提供することにした．したがって，タイトルは本来「環境教育学試論（私論）」とすべきであろう．辞典などによれば「原論」とはその分野の根本となる理論などとある．あえて，そうさせていただいたのには「環境問題」の根源と考える「文明」，特に「科学文明」を視軸にしているという「想い」からである．

本書の構成は第1章で本書が取り上げる重要な「環境」および「科学文明」という概念についての共通認識，また文明史における「科学文明」の位置の確認，さらに「科学文明」と「人間環境」とのかかわりの検討などを行う．第2章ではその「科学文明」について認識，理解し，人間にとっての「科学文明」の意味を評価できる人々を育てる教育（環境教育）のあり方を考える．第3章では「科学文明」を視軸にした環境教育の体系化を試みる．第4章では環境教育を実践する上での諸課題を取り上げる．第5章はいくつかの統合された環境教育プログラムの提案である．

引用文献

(*1) 『公害のはなし』のその後については原田智代「環境教育副読本『公害の話』内容の変遷―1971 年から 2000 年まで」『京都精華大学紀要』(第 19 号) が詳しい．
(*2) 鈴木善次「大学教養課程における環境教育―実践報告と問題点」『環境教育研究』Vol. 6, No. 7, 1983 年, pp. 3–10.
(*3) 鈴木善次「人間環境と科学文明」『人間と環境』創刊号．山口の環境を考える会, 1979 年, pp. 3–10.
(*4) 沼田　眞「環境科学」項目の解説；「大気・水・土壌・生物などの自然環境と人間とのかかわりを科学的に探究する学問分野．特に中心課題は環境の自然および人為的な変化 (環境破壊, 環境汚染など) であり, その実態の把握, 人間を含む生態系への影響の解明を通じて, 自然環境を保全し, 人間環境を改善して, 人間にとって望ましい環境づくりはいかにあるべきかを追求する」荒木峻・沼田　眞・和田　攻編『環境科学辞典』東京化学同人, 1985 年, pp. 154–155.
(*5) 教員養成系の大学で環境教育の講義を早くから開設したのは東京学芸大学である．
(*6) 鈴木善次「新しい時代, 新しい世界に必要な環境教育を」日本児童教育振興財団編『「全国小中学校環境教育賞」優秀事例報告　環境教育実践マニュアル』小学館, 2003 年, pp. 3–6.
(*7) 鈴木善次「監修の言葉」『大阪府　環境にやさしい暮らしと社会を求めて―高等学校向け環境教育の手引』1994 年．
(*8) ゲイフォード (C. G. Gayford)「イギリスにおける環境教育」沼田　眞監修, 佐島群巳・中山和彦編『世界の環境教育』国土社, 1993 年, pp. 185–200.
(*9) 鈴木善次『人間環境教育論―生物としてのヒトから科学文明を見る』創元社, 1994 年, p. 180.
(*10) 鈴木善次「環境問題の現状と環境教育」関西消費者協会『消費者情報』2004 年, pp. 2–5.
(*11) 「特集　環境教育学の構築をもとめて―学会 20 年の到達点と展望」日本環境教育学会編『環境教育』Vol. 19, No. 1–No. 2, 2009 年．
(*12) 藤平和俊『環境学入門』日本経済新聞社, 1999 年, p. 304.
(*13) 脇山廣三監修, 平塚　彰編著『環境学原論―人類の生き方を問う』電気書院, 2004 年．
(*14) 馬場浩太「序章　人間環境学とは何か」広島修道大学人間環境学部編『人間環境学入門―地球と共に生きること』中央経済社, 2001 年, pp. 1–12.
(*15) 『環境教育学研究―東京学芸大学環境教育研究センター研究報告』, 東京学芸大学環境教育研究センター発行．『野外教育』(1990–1993 年), 『環境教育研究』(1994–1997 年) の後継誌 (1998 年に改名), 2012 年 3 月で通号第 21 号．

（＊16）　井上有一・今村光章編『環境教育学─社会的公正と存在の豊かさを求めて』法律文化社，2012年．

第1章
人間環境と科学文明

　近年,「人間環境」と「科学文明」の関係を論じた著書,論考,評論などが目につくようになった.それは現代の環境問題の根底に現代文明,すなわち科学文明が深くかかわっていることを人々が認識し始めたということであろう.すでに序章で述べたように筆者も数十年来,同じような考えのもと環境教育のあるべき姿を検討してきた.本書はその検討結果を基礎に今後の環境教育のあり方などを論じるものであるが,そのためには「人間環境」や「科学文明」がいかなるものなのかについて筆者なりの見解を示しておく必要があろう.そこで〈1.1〉では「人間環境」,〈1.2〉では「科学文明」,そして〈1.3〉において「人間環境と科学文明との関係」を取り上げ,それぞれについて検討する.

1.1　人間環境とは何か

　ここでは「人間環境」,すなわち「人間にとっての環境」について検討するのが目的であるが,そのためには「環境」という言葉の意味について共通の認識をしておく必要がある.なぜなら,「環境」という言葉が異なった意味で使われ,そのため議論がかみ合わないときがあるからである.まず,はじめに「環境という概念」について,次いで「人間環境の諸相」でその具体的な事象を取り上げ,検討する.

1.1.1　「環境」という概念

　現在では「環境」という言葉はよく見聞きするし,口にされる方も多いが,人々はその言葉の「意味」をどのように理解しているのであろうか.人々の

「環境」への関心が高まりだした1990年代後半，環境教育関連の研究会で「環境とはどのような意味ですか」という問いかけをしたとき，「身のまわりのもの」「周囲にあるもの」などの答えをいただくことが多かった．また単純に「環境とは自然のことでしょう」という答えもあった．この答えを出された方は環境教育における自然観察活動からの連想であったという．

ここでは，はじめに「環境」という言葉について，次いでそれに関連する「環境主体」および「環境問題」という言葉について，それぞれ取り上げる．

（1）「環境」という言葉

「環境」の意味を「辞典」などで調べてみよう．そこには「めぐり囲む区域」「四囲の外界」「周囲の事物」「周囲をとりかこむ境界」「周囲をとりまく外界・状況」などという説明がある．また英和辞典でも「environment」の訳語として「環境」が示され，そのあとに日本の辞典と同じような説明が記されている．

では，「環境」という言葉が「environment」の訳語としてはじめて使われたのはいつであろうか．生態学者で日本環境教育学会初代会長の沼田眞（1917～2001）はヨーロッパなどから導入された学術用語の訳語がまとめられている井上哲次郎ほか編『哲学字彙』(1881年)を参考にして"environmentは明治のはじめころには，環象という訳語が使われていた．明治末期には今日のように環境が使われるようになった"ことを紹介している(*1)．また，『哲学字彙』を研究している高野繁男によれば，"現代語では「環境」と訳される．初版・再版とも同じで生物学用語とし，3版では「境遇」を加えている．「環境」は，漢籍を典拠とし〈周囲の境界〉を原義としている．日本語で，今日の意味で使われるようになるのは大正期に入ってからであろう"と述べ，訳語「環境」の初出については沼田と異なった解説を行っている(*2)．さらに環境教育の研究者今村光章は"1881年に出された学術用語集の翻訳「Environment」が生物学用語として環象と訳され，以後，「Umgebung」(独)，「environment」(英)，「Milieu」(仏)の訳語として，「環象」，「還象」，「圍繞物」，「境遇」，「外圍」の5種類が使われていたが，1910年ごろ「環境」に定着したようである"(*3)と述べ，沼田説と同様の紹介を行っている．

最近，「環境」という言葉をはじめて使ったのは教育学者の市川源三

(1874〜1940) であろうという論文が出された．その著者中山和久によれば，市川はアメリカの進歩主義教育者といわれるフランシス・パーカー (Francis Parker, 1837〜1902) の論文 (1894年) の抄訳「パーカー氏統合教授之学理」(育成会，1900年) で"人類進化の歴程を明かにせんとならば，其の環境，事情，勢力等の，彼の動作に影響したるものを対象する必要がある"というように原文の「environment」のところを「環境」と訳しているが，同じ抄訳文中の他の箇所の「environment」は「環象」と訳しており，まだ，訳語としての「環境」が流動的であったともいう(*4)．

ところで，「環境」という言葉自体は中国の『元史・余闕伝』(1368年) 中にある「環境築堡砦」に由来しているようである．この場合の意味は「万里の長城のようなもの」(*5)とか「自らを取り囲んでいる外界と自らとの境目」(*6)を意味しており，現在の「空間」的な考えとは異なり，線状のイメージである．

(2) 「環境主体」という概念

さて，言葉の由来はこの程度に留め，環境の意味をもう少し検討してみよう．先ほど紹介した研究会などで「周囲」「周囲に存在するもの」など答えを出された方々に，"「環境」を定義づけるときにさらに重要な概念があるのだが，ご存じだろうか"と再質問をする．答えが出ないときは辞典などで，これまでのものと異なった説明を探していただく．一つの例であるが，「(環境とは) 人間または生物をとりまき，それと相互作用を及ぼし合うところの外界」(『広辞苑』第二版，岩波書店，1969年) が見つかる．そこでご自分の答えと比較していただく．

この定義では「外界」に取り巻かれている「人間や生物」が姿を現している．また，それらと外界が「相互作用を及ぼし合う」(簡単にいえば「かかわりあう」)という説明がつけられている．おそらく，単に「周囲」という答えを出された人も，その中にいる「人間」や「他の生物」を想定していたであろうが，「相互にかかわりあう」という点まで考えを及ぼしていたかどうか．実はそこが重要なことなのである．

もし，この定義を採用すれば，「人間や生物」が存在しないところ (「空間」とか「場」などという) には「環境」は存在しないことになる．たとえば，あ

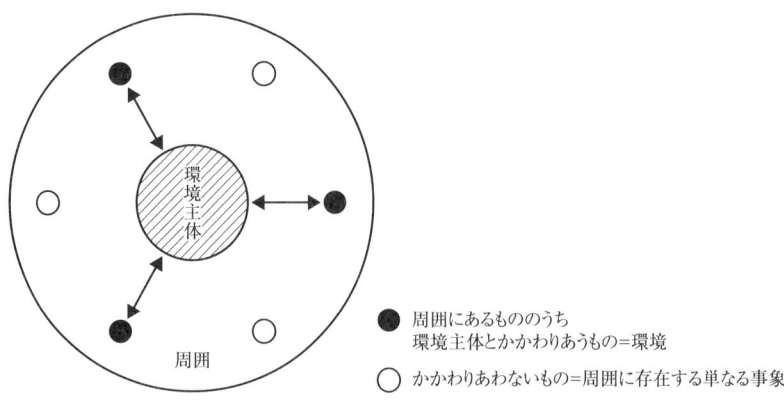

図2 環境の意味（鈴木，1994）

る部屋に誰（他の生物の場合は「何」）もいない状態であれば，その部屋は単なる「空間」であり，誰（何）の「環境」でもない．しかし，人なり，ネコなりの生き物が入ってくると，たちどころにその部屋はその人やネコにとっての「環境」になる．なぜなら，この生き物たちは呼吸や気圧などということでその部屋の空気とかかわりをもつからである．このように「環境」という概念を生み出すもとになる人間や生物を指して「環境主体」と呼んでいる．先に環境の定義で重要な概念があると述べたのは，この「環境主体」のことである（*7）．

そこで，筆者なりに「環境」を定義してみよう．

「環境とは環境主体を取り囲み（取り巻き），その環境主体と直接的，間接的にかかわりをもつ事象である」（図2参照）

しかし，しばしば「環境主体」という概念を意識しない「環境」の研究者に出会うことがある．たとえば，川の生物調査をしている人が，「自分はこの川の環境調査をしている」といわれたとき，そのときの「環境主体」は誰（何）かと聞いてみる．なかなか答えをいただけない．「環境主体」という概念自体ご存じないこともある．この場合，その川に生息している生物の何か（あるいは全体）を環境主体とするか，川の生物とかかわりあう人間を環境主体とするかによって調査の目的・方法・内容などは異なってくる．どのような分野でも「環境」の研究という場合には「環境主体」という概念を明確にする必要がある．

1.1 人間環境とは何か

　こうした「環境主体」を重視する考えは早くから見られていたものであり，その代表的なものとしてドイツの生物学者ヤーコブ・フォン・ユクスキュル(Jakob von Uexküll，1864～1944)によって1934年に提唱された「環世界」(Umwelt．ときには「環境世界」と訳される)という概念がある．彼によれば動物はそれぞれ異なった知覚の世界をもっており，そのために同じ「場」においても「環境」として認識されるものが異なるという．たとえば，人間，イヌ，そしてハエが同じ部屋(そこにはテーブル，椅子，食べ物，シャンデリア，本棚がある)に入ったとき，それぞれが見る部屋の様子は違っていて，人間はそれらすべてを認識するが，イヌはテーブルと椅子と食べ物を，ハエは食べ物とシャンデリアをそれぞれ見出すにすぎないと(*8)．このように「環世界」とはそれぞれの生物が認識する独自の「環境」のことであり，「主体的環境」(主観的環境)ともいわれる．

　いっぽう，「主体的環境」(主観的環境)に対して「客体的環境」(客観的環境)という概念を対置する考えもある．先に批判的な紹介をした「環境主体」を明確にしないで，川の調査を行う立場では上に紹介した生物独自の「環境」でなく，主体とは関係なく客観的に調べられる「環境」があるという．たとえば，川の水温，川の流水速度，川に生息する生物種数などである．しかし，それは筆者から見れば単にその川で見られる自然的事象を調査しているにすぎない．すでにそうした批判は筆者より早く先に紹介した沼田の論文に見られている(*9)．また，ユクスキュルの著書を訳した動物行動学者の日高敏隆(1930～2009)も"多くの人が実際に「環境」と感じているのは，実に感覚的な環境世界なのであって，物理的に測定された「客観的環境」なるものは，よほどのときでない限り，問題にされないことのほうが多い"(*10)として，環境主体を考えない「環境」調査に疑問を投げかけている．

　なお，筆者は「環境主体」になりうるものとして人間を含めた生き物に限定しているが，辞典などで生き物でないものも環境主体に入れて「環境」を定義しているものもあるという(*11)．その報告者石上文正は日本とイギリスのいくつかの百科事典や辞書などに見られる「環境」の定義の中で『日本大百科全書』(小学館，1985年)，*The Oxford English Dictionary* (1989年)でそうした扱いをしているが，その場合には，主体となっている「物」への人間的関心があるからであろうと述べている．そうなると，やはり筆者の「環

境主体」を「人間を含めた生き物」に限定する考えに準じているものといえよう．

（3）「環境問題」と「環境主体」の関係

では，筆者が環境主体を重視した環境の定義を支持するのはなぜなのか．それは「環境問題」ということを考察する上で必要だからである．そこで「環境問題」とはどのようなことなのかを検討してみよう．

「環境」という言葉と同様，「環境問題」という言葉についても調査をしたことがある．10年ほど前，ある大学の「環境」に関連する講義の受講生に「環境問題」の例を挙げていただいた．一番多かったのが「地球温暖化」であった．ちなみに数十年前に別の大学で同じような調査をしたときは「大気汚染」「赤潮」などが多い方であった．当時，瀬戸内海や東京湾などでは赤潮の発生が注目されていた．時代によって「環境問題」といわれるものが異なっていることの反映であろうが，少し掘り下げて，「本当にあなたにとって問題になっていますか」と問いかけると，そうでもなく，いずれの調査でもメディアなどを通してのトレンディな「知識」であることが多いという印象．言い換えれば，抽象論的，一般論的に「環境問題」なるものを考えているということである．彼らには前項で取り上げた「環境主体」という概念が抜け落ちているようでもあった．

筆者は「環境問題」に関しても「環境主体」という言葉を用いて次のように定義している．すなわち，**「環境問題とは環境と環境主体とのかかわりが好ましくない事象である」**と．

以下に，この定義をいくつかの例で説明してみよう．まず身近な「環境問題」としての「自動車騒音」を取り上げる．自動車が走行中に発生させる「音」が人々と「かかわり」をもったとき，その「音」はその人々（環境主体）にとっての「環境」（音環境）となる．その場合，人によってその「音環境」に対する評価が異なる可能性がある．ある人にとっては我慢できない音（「騒音」という環境問題）であるかもしれないが，別の人，たとえばその自動車に乗っている人，にとっては心地よい音として感じ取られるかもしれない．

先ほど取り上げた「地球温暖化」の場合も同様である．「地球温暖化」という現象と「かかわり」をもつ人間なり，他の生物なりが存在しなければ，こ

れは誰(何)の「環境」でもないので「地球温暖化」という「環境問題」も存在しないことになる．もちろん，地球温暖化は現実には人間を含めてさまざまな生物が「環境主体」になっている現象である．しかし，それら「環境主体」のすべてにとって「かかわり」が好ましくない(あるいは，そう感じている)とは限らない．環境主体によって「環境問題」であったり，そうでなかったりする．以前，テレビで気温が上昇することで農作物がよく育つようになると喜ぶ寒冷地の農民の姿を見たことがあるが，彼らにとって「温暖化」は環境改善に思われたのであろう．このように「環境問題」は「環境」と同様，「環境主体」が存在して，はじめて生まれてくるものであり，抽象的な「環境問題」というものは存在しないのである．

　そこで，「環境主体」についてさらに検討してみよう．これまで「環境主体」と簡単に表現してきたが，その「主体」の単位は何を指しているのだろうか．常識で考えれば，人間の場合は「個人」，他の生物の場合は「個体」であろう．しかし，同じような属性をもった個人，個体のグループを一つの「主体」と考えることも可能ではないか．たとえば，人間の場合，家族，地域住民，政治・宗教などのさまざまな団体などのレベルから，人種，民族，国民などのレベル，さらに他の生物の世界に広げればヒトという生物種のレベルまで．

　人類の歴史を振り返ると，ある環境主体にとっては「環境改善」であると評価された事象が，他の環境主体にとっては大きな「環境問題」(環境悪化)であったという出来事は上に挙げたそれぞれのレベルで数多く見られたし，現在でも見られている．たとえば，ヨーロッパ大陸における人口増加・食料不足などの「環境問題」を解決するために白色人種がアメリカ大陸へ移住した事象はネイティブ・アメリカンにとっては大きな環境悪化(環境問題)であったはずである．

　以上のように「環境問題」を考えるときにも「環境主体」が「誰(何)」であるかを明確にする必要がある．ただし，筆者は「環境問題」はそれにかかわる「環境主体」の問題だから，そうでないものは無関心でよいというのではない．むしろ，その逆である．現実にいろいろな形で見られている「環境問題」を自分の問題として捉えることの大切さを指摘しているのである．

1.1.2　人間環境の諸相

先の「環境」の定義によれば「人間環境とは人間を取り巻き，人間と直接的，間接的にかかわりをもつ事象」ということになる．しかし，「事象」という抽象的なことでは人間環境がいかなるものであるかわからない．そこで，「事象」を具体化する上で必要ないくつかの視点を示しておこう．一つは「環境主体」の場合でも取り上げた「レベル」（あるいは「範囲」）のこと，もう一つは本書が目指す科学文明の再考につながる概念となる「自然的環境」か「人為的環境」かという区分である．

（1）「環境」に見られる「レベル」（あるいは「範囲」）——さまざまな環境要因の組み合わせ

筆者は前項で環境問題に関連させて「環境主体」のレベルについて論じたが，その「環境主体」がかかわりをもつ事象，すなわち「環境」にもレベル（範囲）を考えることが必要であることを述べてみよう．

たとえば前項でも用いた「川」という事象は物質としての水，その流れなどを生み出すエネルギー，そこに生息する生物，地形などさまざまな事象の組み合わせによって成り立っている．したがって，「ある川」の環境主体となる場合，「総体」のレベルでかかわるか，それとも，せせらぎの音を聞く，釣りを楽しむ，洪水を心配するなど川を構成する「個々の事象」のレベルでかかわるかによって「その川」に対する評価も異なるであろう．

環境要因・環境要素について

上に紹介した個々のレベルの事象を指してその「環境」の「環境要因」とか「環境要素」と呼んでいるが，「要因」と「要素」の違いが必ずしも明確でない．そこで「環境要因」や「環境要素」といわれるものについて調べてみた．辞典『広辞苑』（第六版，2008 年）で見ると「要因」は「物事の成立に必要な原因，主要な原因」，「要素」は「事物の成立・効力に必要欠くことの出来ない根本条件，それ以上簡単なものに分析できないもの」とある．同じ「要素」について別の字典『学研　漢和大字典』（初版 1978 年，第 32 刷 1994 年）は「物事や物体が成り立つために必要な条件や成分」と定義づけている．

どうも両者の違いは判然としない．そこで実際にこれらの言葉を使っている例を紹介しよう．

　生物学分野では環境要因を大きく「非生物的（無機的）環境要因」と「生物的環境要因」に，前者をさらに「物理的環境要因」と「化学的環境要因」にそれぞれ区分している．上に紹介した「水」はその流れ（水圧など）に注目すれば「物理的要因」となるし，物質としての「水」という視点では「化学的要因」に属することになる．音はエネルギー現象であるので「物理的要因」に位置づけられる．「水」と同様に「空気」も「物理的・化学的」の両者の要因になる（*12）．

　また，人間環境という視点で環境要因を分類している例を紹介すると，① 物理的環境（光，熱，放射線，音，振動，圧，湿度など），② 化学的環境（ガス，蒸気，粉塵，溶剤，金属など），③ 生物的環境（細菌，ウイルス，寄生虫など），④ 社会的環境（友人，家庭，地域社会，職場，産業など），⑤ 文化的環境（言語，習慣，宗教など）となっていて，先の生物学分野の分類に加えて④，⑤が取り上げられている（*13）．

　いっぽう，「環境要素」という言葉は法律用語として採用されている．すなわち，「環境影響評価法」（1997年公布，最終改正：2013年）に関連して告示された「環境影響評価法に基づく基本的事項」（環境庁告示第87号，最終改正：2005年環境省告示第26号）では開発などの事業を行うにあたって調査・予測・評価を行う項目の大気環境区分では大気質，騒音など，水環境区分では水質，底質など，土壌環境区分では地形，地質，土壌などを指して「環境要素」（環境を構成する要素）と呼んでいる．

　こうした事例を見ても「要因」と「要素」の使い分けは明瞭でない．本書で筆者は，とりあえず「要因」という言葉を使うことにする．

空間的・時間的レベル（範囲）の拡大

　さて，「環境」という概念は上に取り上げた「川の環境」のようにいくつかの環境要因の組み合わせによって成り立っているが，そのレベルや範囲は空間的にも時間的にも拡大させることができる．いうまでもなく「環境主体」が存在しての話である．空間的拡大では身近な環境としての「居住環境（住環境）」「家庭環境」などが挙げられる．次いで戸外に立てば，地域社会の一

員であり、そこには「地域環境」「社会環境」という大枠の環境が見出される。ただ、「地域」や「社会」という概念があいまいなので人によって視野に入れる範囲が異なり、「地域環境」「社会環境」の状況把握も異なってくるであろう。その場合にはある特定の分野や項目を定め、それに基づく「地域」や「社会」の範囲を決めて考察する方法もよいのではないか。たとえば、「生物としてのヒト」という視点で考えれば人間にとって重要な環境要因の一つである「水」の「来し方」と「行く末」を視野に入れ、河川の流域を一つの「地域」として「水環境」の状況を把握するなど。

　大都会に関連づけて視野を広げると「都市環境」「農山漁村環境」などの環境が登場する。さらに拡大した空間としては世界、地球レベルというものが考えられ、実際に「地球温暖化」「地球規模の水不足」などグローバルな事象が人間環境の仲間入りをしている。

　では、時間的視野を広げるというのはどのようなことであろうか。この場合も「空間的」拡大とマトリックス的に検討する必要があろう。具体的には「居住環境」「地域環境」「社会環境」などの現在と過去の比較検討である。その場合の方法としては過去に関しては当時を知る人がいるときには「聞き取り」、そうでないときには「資料」や「著書」などにある記録を調査することである。ときには歴史的遺産として現物に接することもできよう。

（2）自然的事象（自然的環境）と人為的事象（人為的環境）

　次に〈1.2〉で取り上げる「文明化した人間」という立場での検討にとって明確にしておきたい二対の概念がある。それは「自然的事象（自然的環境）」および「人為的事象（人為的環境）」である（図3参照）。

　すでに述べたように「事象」と「環境」との違いは、前者が「環境主体」の有無に関係なく存在するもの、後者が「環境主体」が存在することで成り立つものということ。問題は「自然」と「人為」の違いである。言葉どおりに素直に解釈すれば「その事象に人間の手が加わっているか、いないか」ということになる。しかし、人間環境を見出す範囲を広げたとき、ときに迷う人、あるいは誤解する人に出会う。たとえば、近くの森や林を散策している人がそこで野鳥や野生の小動物に出会ったとしよう。そのとき、その人にとって野鳥や野生の小動物は「自然的環境」か、それとも「人為的環境」か。こ

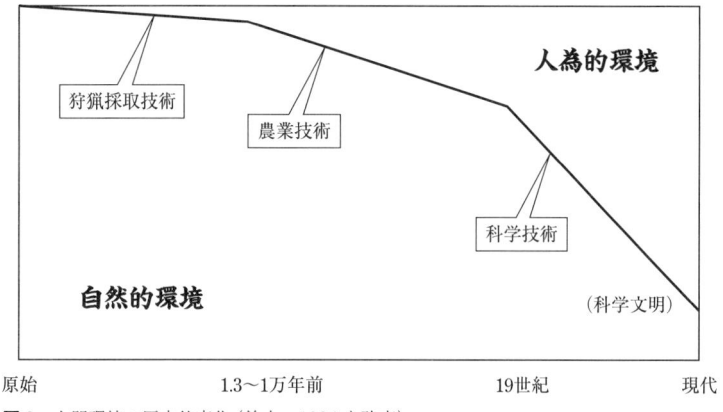
図3　人間環境の歴史的変化（鈴木，1994を改変）

こでは「野生」のものと規定してあるので「自然的環境」といえるであろう．では，そこに育つ一本一本の木はどうだろうか．また，森や林全体というレベルで見るとどうだろうか．散策している人にとっては「かかわり」をもっているのだから，それらは「環境」になるが，この段階では「自然的」か「人為的」かの判断はできない．

　では「田んぼ」の場合はどうだろうか．しばしば，「田んぼ」を見て「自然が豊か」という感想を述べる人がいる．確かに「田んぼ」にはさまざまな生き物がすみついているし，そこに育っているイネも人為的事象（人工物）というよりも「自然的事象」に近いものである．生命現象のルールに従って種子から苗を経て成長を続け，やがて時がくると種子を稔らせる．ただし，人間の手によって改良された植物であることを考えると純粋な「自然的事象」ではない．それはともかく，一株一株のイネや「田んぼ」の生き物に注目する限り，数多くの自然的事象が見られるので「自然が豊か」といえなくもないため，その人にとっては「田んぼ」を「自然的環境」と思うのであろう．しかし，「田んぼ」は明らかに人為的事象（人工物）であり，少しでも管理を怠ればイネは人間が求めるような成長をするとは限らない．

　先の森や林がヒノキ，スギなどの植林地の場合でもいえる．そこで育っている個々のヒノキやスギは自然的事象（に近い人為的事象），いっぽう，植林された森や林（植林地）は全体としては人為的事象ということになる．した

がって，先ほどの森や林ではそれらの素性を明らかにしないと答えを出すことは難しい．現実には日本の森や林でまったく人の手が入っていない「原生林」は滅多にない．ただ，植林地として管理を続けているところは別にして，かつて人の手が加わったのち放置され，自然のルールに従って再生された森や林は各地に見ることができる．いわゆる「二次林」と呼ばれるものである．その場合には「自然的事象（自然的環境）」といってもさしつかえないであろう．なお，「田んぼ」のように自然的事象と人為的事象が混ざりあった状態を捉えて「半自然」ということがある．最近注目されている「里山」もその仲間である．このように環境も，どのレベルで考えるかによって自然的環境になったり，人為的環境になったりするが，現実には両者がいろいろ組み合わされて私たちの環境が出来上がっている．

　ここで「科学文明再考」という視点で注目しておきたいのが「人為的環境」の歴史的変化である．そのためにはそもそも「科学文明」とは何かを知る必要がある．それについては項を改めて論じることにする．

1.2　科学文明とは何か

　ここでは，本章のタイトルで「人間環境」に対置される「科学文明」について，その特徴や人類史の中での位置づけなどを検討する．

1.2.1　科学文明の特徴

　「科学文明」がいかなるものであるかを論じる上で欠かせないのが，その言葉を構成する「科学」や「文明」，また，これらと関連する「技術」や「文化」という言葉の検討である．それは，〈1.1〉の「環境」と同じように，使う人や場所などによってこれらの言葉の意味が異なる可能性があるからである．このうち，まず「文明」と「文化」について検討する．

（1）「文明」および「文化」の意味

　私たちは日常的に「文明」や「文化」という言葉を見聞きしたり使ったりしているが，そのとき，これらの言葉の意味をどのように理解しているのだ

1.2 科学文明とは何か

ろうか．日本には「文化の日」や「文化勲章」はあるが，「文明の日」とか「文明勲章」はない．また「物質文明」「精神文化」という使い方はあるが，「物質文化」「精神文明」という言い方に接することはあまりない．そうした中で湯川秀樹は「物質文明と精神文明」という短文を残している (∗14)．ただ，この文では「精神文明」という言葉の意味についての言及はない．いずれにせよ，「文化の日」「文化勲章」という使い方の場合は「文明」と「文化」を対立的，あるいは不連続な概念として捉えている傾向がある．

そもそも日本で「文明」や「文化」という言葉はいつ，どのような意味で使われ始めたのだろうか．すでにこれらは室町時代 (文明: 1469〜1487 年) と江戸時代 (文化: 1804〜1818 年) に年号として使われているが，いずれも中国の古典 (四書五経の『易経』『書経』など) に由来しているそうであり，それらの意味は「文明とは文徳の輝くこと．世の中が開け，人知の明らかなこと」「文化とは文徳によって教化すること」(∗15) とあり，語源的には対立概念ではなさそうである．

いっぽう，文化人類学では"文明とは高度に発達した文化．……文化とは一つの民族固有の生活様式．この様式には，生産技術，社会制度，行動様式と共に，価値観や民族特有のパーソナリティが含まれる"(∗16) という表現で，対立よりもむしろ連続性をもった概念として扱っている．

同じような扱いとしては科学史家の村上陽一郎がこれらの英語から，いずれもが「自然の人為化」という点で共通しており，"「文明」は「文化」の一形態と言うことができる"と述べている (∗17)．すなわち，英語で「文明」は civilization，「文化」は culture であり，前者は「都市化」，後者は「耕す」という意味をもつ．都市をつくることも畑を耕すことも人間の手によって「自然」をつくり替える行為である点では共通している．

また，同じく科学史家の伊東俊太郎は「文化と文明」の関係については二つの立場，すなわち一つは村上のように「文化」と「文明」は本質的に連続したものであり，文明は文化の特別発達した高度に拡大された形態であるというもの，もう一つは「文明」と「文化」は「物質文明」「精神文化」という使い方に代表されるように連続性のない，むしろ対立する概念であるというもの，があるという紹介をしている (∗18)．なお，伊東自身は前者の連続性の立場を支持している (∗19)．

この連続性に関連して，井山弘幸は"カルチャーは元来「耕作」(cultura)を意味したが，土地の開墾と農地改良が人間精神をも改善する，という思想的前提から「人間精神の開化された状態」をも意味するようになった"(*20)として二つの立場自体が歴史的過程で生じたものであることを示している．「精神文化」と「物質文明」のように「文化」と「文明」を不連続の概念として捉える立場は科学技術といった物質的なものではなく，もっと内在的な精神的価値を問題にする哲学，倫理，芸術，宗教などといったようなものが"文化"であると考えるドイツの新カント派哲学で強く見られたものであり，それが明治中期，日本に影響を与えたのではないかといわれている(*21)．

ところで，井山の発言と同じころギリシャ哲学を専攻する吉田雅章は「文化」の語源には単に「耕す」だけでなく，突き詰めていくと「気配り，気遣い，大切に扱う」などの意味があるとして「文化」と「文明」では自然への対応の仕方が異なっており，前者はそうした「気配り」などをもった「自然へのかかわり」，後者は「自然の脅威からの逃避」というように正反対の方向にあるとして村上の「自然の人為化」という視点からの「文化」「文明」連続説を批判していた(*22)．

筆者は多様な意味で使われている「文化」という言葉を本書では「文明」と同様，「人類のライフスタイル」を表す概念として用い，その上で「文明とは高度に発達した文化」という文化人類学の解釈に従うことにしている．ただ，吉田が指摘する点もこれからの「文明」のあり方を検討する上で大切なことであると考えている．

(2)「科学」という言葉

「科学」という言葉に関しても，人によって異なる意味で用いている場合がある．特にあとで取り上げる「技術」という言葉と結びついた「科学技術」についての解釈には違いが見られる．それに関連するが，「科学」を刺激語として思い浮かぶ言葉を挙げてもらう調査で「コンピュータ」「ロボット」など科学技術の成果物を答える者が多かった経験がある(*23)．この場合には「科学」の本来的意味が脱落している．

現在，私たちが使っている「科学」という言葉はヨーロッパから導入されたscienceという言葉の訳語として明治期に登場したものであるが，もとも

とは中国南宋の陳亮 (1143〜1194) が「科挙の学」の略語として生み出したものであり，また，江戸時代には「いろいろな学問の一つ」という意味で使われていた．ちなみにその初出は科学史家の吉田忠によれば高野長英の『西説医原枢要』(1832 年) であるという (*24)．

では，英語の「science」はどのような意味であったのだろうか．その語源はラテン語の「Scientia (知識)」で，広く学問を指す言葉である．日本へ「哲学」を導入した西周は「知説」なる評論 (『明六雑誌』明六社，1874 年) で「学」という言葉に「サイーンス」というルビを付している (*25)．申すまでもなく「サイーンス」は science (ちなみにフランス語でも同じ綴り，ドイツ語では Wissenschaft で，wissen は「知る」という意味) のこと．西はこの言葉が「学問」を意味していることを認識していたのである．なお，彼は同じ文中で 1 回だけ「学」か「術」(実用的面) か明確に区別できない「化学」のようなものを指して「科学」という言葉を用いている．まだ，science の訳語として「科学」が定着していなかったことがわかる．飯田賢一 (技術史家) によれば，大正期に「科学」という呼び名が民衆の間に定着したという (*26)．

「science」を「学問」(何かを「知る」という活動) という意味で用いると古代からギリシャや中国などに優れた学問が存在しているので，それらを古代ギリシャ科学，古代中国科学などと表現することができる．実際に科学史の分野では古代，中世，近代，現代などの名称をつけて，それぞれの時代における「科学」活動を対象とした研究が行われている．しかし，本書では「科学文明」を視座とした議論を展開するものなので，後述するようにその誕生にかかわった近代以後の「科学」を取り上げ，その性質などを簡単に紹介しておこう．

普通，私たちが「科学」として認識しているのは自然の事象を研究する「自然科学」であろう．その自然科学では理論 (学説など) なり，法則なりを導くとき，論理的，実証的に行われることが求められる．このうち，論理性については「古代科学」の時代から見られていたものであるが，実証性については 17 世紀の「近代科学」において定着したものである．

たとえば，アリストテレスは「物体が落下するときの速さはその物体の重さに比例する」という理論を当時の宇宙論，物質論から導いた点では論理的であったが，実証を伴っていなかったので，のち，近代科学の誕生に貢献し

たガリレオ・ガリレイ（1564〜1642）たちによって否定された．ガリレイは「落下速度は物体の重さに関係なく，落下してからの時間の二乗に比例する」ということを論理的に構築し，それを実験で証拠づけ（実証的に）人々を納得させた．なお，実証性を重んじる考え方はすでに15〜16世紀から生み出されつつあった．

ところで，環境問題の議論でも「科学的」説明とか「科学的」証拠などという言葉が使われるが，その「科学的」という意味は主として「論理的」「実証的」であるということである．この中で注意しておきたいことは，「実証的」に関連して科学者たちが行う「実験」で研究対象とされているのは「ありのまま」の自然的事象でなく，人間が認識できる形につくり替えた「自然的事象」であり，それを観察（データなどを記録）しているということである．「実験」とは自然を「つくり替える作業」なのである．したがって，その「つくり替える作業」が適切かどうかも吟味する必要がある．

（3）「技術」および「科学技術」の意味

いっぽう，**「技術」**は英語では「technique」「technology」などと表現しているが，これらの語源はギリシャ語の $\tau\varepsilon\chi\nu\eta$（techne，テクネー）．『広辞苑』などの辞書には「物事をたくみに行うわざ」「目的を達成するための手段」「芸能などのわざ」，さらには「科学・理論を実際に役立てるためのわざ」などの意味であると紹介されている．

もともと「技術」という言葉も中国由来で，『史記』の「貨殖列伝」に登場しているそうであるが，日本ではじめて「技術」という言葉を用いたのは「科学」の項で登場した西周である．すなわち，彼は自著『百学連環　総論』の「第二　学術技芸 Science and Art」で"術に亦二つの別あり．Mechanical Art（器械技）and Liberal Art（上品芸），原語に従うときは即ち器械の術，又上品の術と云う意なれど，今此の如く訳するも適当ならざるべし．故に技術，芸術と訳して可なるべし"と述べている．解説者の飯田によれば「技術」と「芸術」を区別した西の提言が市民権を得たのは1920年代であり，それには"大正デモクラシー期の国際交流の高まりの中で，科学（理論）と技術（実践）との結びつきが促進され"たことが影響しているという（*27）．

ところで，この科学と技術の結びつきは**「科学技術」**という言葉を生み出

すことになる．では，この言葉はどのような意味なのだろうか．筆者は「科学知識を用いて開発される技術（科学的技術）」という意味に捉えているが，近年では科学研究活動と技術開発活動が表裏一体となり，お互いに影響しあっている状況が見られ，その状況を表す言葉として「科学技術」が使われるようになってきている．江崎玲於奈によれば，英語には scientific technology という言葉はなく，代わりに applied science, engineering science, industrial science などが使われているそうである（*28）．また，村上によれば，そうした意味での「科学技術」は英語では science and technology であるというが（*29），これは従来から「科学・技術」と表現されているものである．「科学」と「技術」を一体化して「科学技術」としたとき，科学の思想面がないがしろにされ，技術開発に役立つ科学研究面のみが重視されることになるのではないか．「科学」と「科学（的）技術」の違いを明確にしておくことが次に取り上げる「科学文明」の検討には必要である．

（4）「科学文明」「科学技術文明」というもの

そこで，本項ではこれまでに検討してきた「科学」「技術」「文明」「文化」の意味などを踏まえて，本書が視座とする「科学文明」について考察しよう．

筆者は大まかに「**科学文明とは科学的に考えることがよいことであるという認識が多くの人々に受け入れられ，また科学的知識を活用して開発された技術，すなわち科学技術が社会（政治・経済などを含めた）に深く浸透している文明**」であると定義づけている．

この定義の中で「科学的」という言葉の意味はすでに述べたように「論理的」「実証的」に考察するということであるが，その対象は何も自然的事象に限定されるのでなく，社会的事象なども含めたものであり，さらに考察する側も科学者ばかりでなく，広く社会の構成員が共有する態度・能力であると考えている．その証拠として，そうした「力」を育てることを目指す科学教育（理科教育）が学校で行われている．

科学文明のもう一つの特徴である人々の生活，広く社会に科学技術が浸透しているという点についてはここで改めて説明する必要もないほど多くの人が実感していることであろう．科学技術の中でもコンピュータを中心とする情報技術は個人レベルからグローバルレベルまでメリット・デメリットの両

面で人々に大きな影響を与えてきている．

ところで近年，「科学文明」という言葉の他に「科学技術文明」という言葉もよく見られるようになっている．その中で市川惇信は「科学技術文明」という言葉を次のように定義している．"科学技術に関わる活動が社会に存在することを意味するだけではない．科学技術が社会の行動様式，すなわち行動規範と行動パターンの総体，の中に不可欠で基本的な要素として組み入れられている社会の形態をいう．この形態を文化といわず文明というのは，社会が不特定多数のメンバーを包含する普遍性をもつという文明の要件を科学技術の普遍性が保証しているからである"と（*30）．また，鳥井弘之は「科学技術文明」の定義はしていないが現代文明を意味するものとして捉え，日本がつくったとされる科学と技術の表裏一体を表す言葉「科学技術」が"現代の文明をその限界点に向けて加速しているといっても過言ではないだろう"と指摘している（*31）．ただ，気になるのは「科学技術文明」という表現で「科学文明」がもつ人間の生き方につながる思想面が抜けてしまわないかということである．

1.2.2　人類史における「科学文明」の位置づけ

さて，上記のように「文化」および「文明」を定義づけると人類史においては，まず「文化」が出現することになる．伊東俊太郎は「革命」というキーワードで人類史を「人類革命」「農業革命」「都市革命」「精神革命」「科学革命」という五つの時代に区分けしたが，さらにその後「環境革命」を加え，六つの「革命」を提案している（*32）．「自然の人為化」という意味での「文化」の出現時期がいつであるか，この時代区分に当てはめれば「人類革命」から「農業革命」（農耕生活の開始）がもたらされる間のどこかの時点ということになるのであろう．それは農耕生活が開始されるより前に人間は土器や石器などの道具を発明し，自然生態系の枠をはみ出した狩猟・採取を行っていたと考えられるからである（図4参照）．

いずれにせよ，まず農耕生活の出現に関して検討してみよう．

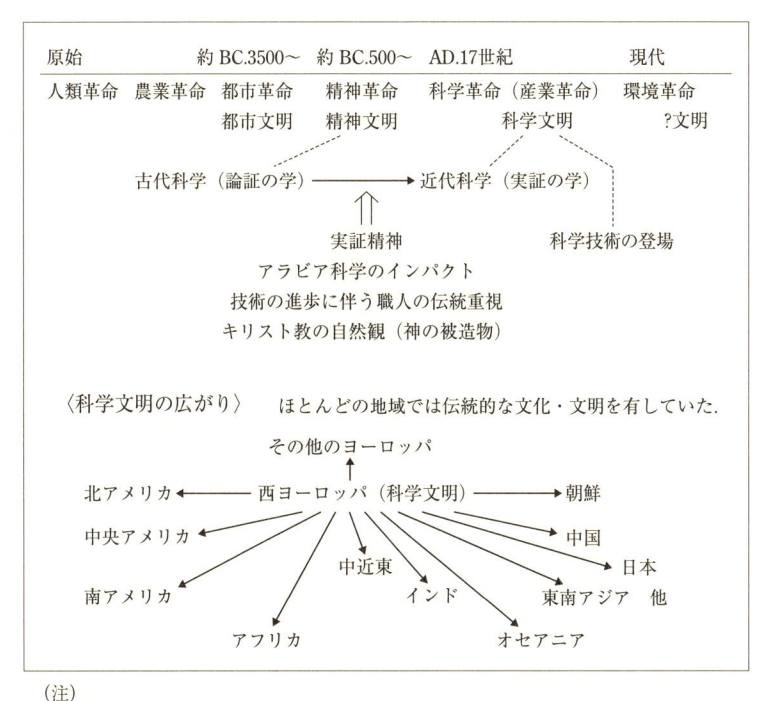

```
原始              約BC.3500〜   約BC.500〜   AD.17世紀           現代
人類革命  農業革命  都市革命     精神革命    科学革命（産業革命）  環境革命
                  都市文明     精神文明    科学文明              ?文明
```

```
         古代科学（論証の学）──────→ 近代科学（実証の学）
                           ⇑
                        実証精神              科学技術の登場
                   アラビア科学のインパクト
                   技術の進歩に伴う職人の伝統重視
                   キリスト教の自然観（神の被造物）
```

〈科学文明の広がり〉　ほとんどの地域では伝統的な文化・文明を有していた．

```
                    その他のヨーロッパ
                         ↑
  北アメリカ ← ─── 西ヨーロッパ（科学文明） ───→ 朝鮮
  中央アメリカ ←                                 → 中国
  南アメリカ         中近東                        日本
                    インド                      東南アジア 他
                    アフリカ      オセアニア
```

(注)
都市文明発祥地：エジプト，メソポタミア，中国，アンデス，メソアメリカ
精神文明発祥地：ギリシャ，シリア，ペルシャ，インド，中国
科学文明発祥地：西ヨーロッパ

図4 科学文明の誕生と広がり（伊東俊太郎『比較文明と日本』中央公論社，1990年の253ページ掲載の図表を参考に鈴木作成，2014年）

（1）農耕生活の出現

　人類が地球上に誕生したのがいつごろであるか正確なことはわからないが，500万年前あるいは600万年以上前など研究者によって異なっている．そうした長い人類史から見ると，ここに取り上げる「農耕生活（農業）の出現」は，これまでの説に従えば今から約1万年前であり，ごくごく最近の出来事といえる．それまで人類は自然生態系の中の「消費者」という立場で狩猟・採取生活を営んでいた．ただし，他の「消費者」である動物とは異なり，「食料」を入手する方法では石器をはじめとする道具を使い能率を高め，ときには自然生態系のバランスを崩す状況をもたらした可能性はある．具体的には人口の増加および食料とされた野生動物の減少である．実は「農耕」はその自然

生態系からの離脱であり，村上のいう「自然の人為化」であり，まさに「文化」の出現である．

　さて，ここではそうした長い年月保持されてきた狩猟・採取の生活から，農耕という技術を用いて新しい生活への変更がなぜ行われたのかに目を向けてみよう．もし，従来どおりの生活様式で何も問題がなければ人々はそれを継続させたであろう．彼らにとって何らかの「問題」，主として「食料」を入手する上での問題，今日的な言葉を用いれば「食料不足」という「食環境問題」が生じたと考えられる．その「食環境問題」を解決する方策として生み出されたのが「農耕生活」であった．

　先ほど農耕生活の出現時期を約1万年前と紹介したが，安田喜憲らによる最近の花粉化石の分析を主とした「環境考古学」などの詳細な研究から，農耕生活の出現の要因，時期，場所などがかなり明確になっている (*33)．その要因として挙げられているのが1万5000年前の地球温暖化，湿潤化という気候変動である．そのころは地球における氷河期の最終時期の終わりに当たり，それまでの気候に基づき存在していた乾燥した草原と，そこを生活の場としていた大型哺乳類の減少が始まる．すでに狩猟技術も進歩し，「食料」としての大型哺乳類の捕獲効率を高め，それによる人口増加をもたらしていた人々にとっては大きな「食環境問題」であった．その危機を救ったのが，同じ気候変動によってもたらされた木の実や小動物など豊かな食料を人々に提供してくれる森の拡大であった．人々は生活様式を大きく変更させ，そこに定住し，安定した生活を営むことになる．しかし，「定住生活」という点では「農耕生活」に歩み寄ったことになるが，「食料」入手の方法は相変わらず狩猟・採取の方法であった．

　安田が注目したのは温暖化が進んでいた氷河期の末期（1万2800年前）に起こった「ヤンガー・ドリアス」と呼ばれる「寒の戻り」である．安田によれば，この「寒の戻り」によって再び寒冷化と乾燥化が起こり，森は豊かさを失い，人々は草原へ．その一つ，西アジアの大地溝帯の谷底の湿原草原で人々は野生のムギ類を発見し，やがてそれらを栽培化することに成功し，麦作を主体とする農耕生活を，また同様に稲作においても気候変動によって従来の狩猟生活では食料の獲得が困難になった人々が野生のイネと出会って稲作農耕生活を，それぞれ開始したのであるという．最近，安田は稲作が1万

3000年前モンスーンアジア地帯の中国・長江中流域で始まったということも明らかにしている(*34).

なお,伊東は農耕の起源地としてこのほかトウモロコシ栽培を主としたメソアメリカ(メキシコ,中央アメリカ北西部),イモ類を中心とした東南アジア,シコクビエやモロコシの西アフリカ・ニジェール川流域などを挙げている(*35).

(2) 都市文明の出現

次に取り上げるのが伊東のいう「都市革命」,いわゆる「都市文明」の誕生である.伊東は「都市文明」といわず「都市的文明」という言葉をつくり,それについて「農業生産の高まりにより,直接農耕に携わらないかなりの人口の社会集団が一定の限られた場所に集住し,そこに高度な統治体制が出現して階層が分化し(王―僧侶―書記―戦士―職人―商人),宗教が組織化されて祭儀センターがつくられ,手工業が発達し,富の蓄積と交換がおこなわれるようになること」と定義している(*36).すでに述べたように,「文明」はその英語(civilization)が示すように「都市化」であり,筆者が支持する意味での「文化」の一形態である.その具体的状況を伊東の定義が明瞭に示している.

では,都市革命はどうして生まれたのだろうか.これに関しても安田は5700年前の気候大変動を大きな要因としている.当時,北緯35度を境にして,それまで湿潤で温暖だった南側の地域が冷涼で乾燥する気候になった.それまで森林だった地域は緑を失い,農耕生活をしていた人々は水を求めて河川の流域に集まるようになる.また周辺で生活をしていた牧畜民も砂漠を追われ,河川流域に移動した.この人口集中と増加,牧畜民と畑作農耕民の文化の融合が,都市文明誕生の契機であり,チグリス川やユーフラテス川の流域に生まれたメソポタミア文明,インダス川流域のインダス文明,そしてナイル川流域のエジプト文明はその具体的姿であると(*37).

ここで疑問を抱く人もおられるであろう.これまで古代の四大文明の中に含まれていた中国の黄河文明の名前がない.実は黄河文明は時期的に他のものより遅く生まれており,従来から問題視されていた.それが上に紹介した安田たちの研究で,それより古い長江の文明の存在が確認されたのである.

ただ，長江文明の場合は稲作農耕民と漁撈民の組み合わせである点で他の文明と異なっている．

ところで，歴史人類学者の川西宏幸によれば，古代都市成立の要因として考古学者たちは「利器」(農機具や武器など)の材料(石，青銅，鉄)に注目し，古代都市文明の誕生と青銅の使用開始時期がほぼ同じであることを確認したという．しかし，こうした「利器」の材料だけでは古代都市文明の誕生を説明することはできないので，地球規模の現象として考えられるべきであると締めくくっている(*38)．

筆者は，ここでは古代都市文明の起源自体を問題にするのが主目的でないので，これ以上深入りはしないが，すでに〈1.1〉で述べたように，長い人類史から見ると「都市」という環境での生活はごく最近の出来事であり，私たちはそのことをしっかり認識しておく必要がある．

(3) 科学文明の登場

先に筆者は科学文明の特徴として「科学的に考えることがよいことであるという認識が多くの人々に受け入れられていること」および「科学的知識を活用して開発された技術，すなわち科学技術が人々の生活に深く浸透している」ということを述べた．この二つの特徴に関連する出来事を人類史の中で探すと，前者は17世紀の「近代科学の誕生」であり，後者は18世紀後半〜19世紀の「産業革命」である．「革命」をキーワードとした伊東の時代区分では，「科学革命」として一つにまとめられている．

その「科学革命」に言及する前に，伊東の区分にある「精神革命」に簡単に触れておこう．これは紀元前8世紀から紀元前4世紀にかけて，ギリシャ，インド，中国，イスラエルにほぼ同時に起こった哲学や宗教など精神的変革を指しており，この変革のポイントは農耕民たちがもっていた神秘的・呪術的考えから牧畜民がもっていた合理的考えが重視されるようになったということ(*39)．すでに簡単に紹介してあるが，ギリシャのアリストテレスたちによる論理に基づく自然的事象の解釈はその具体的姿である．

近代科学の誕生

さて，「近代科学の誕生」に目を向けよう．これもすでに紹介してあるが，

古代科学が論理を重視していたのに対して，近代科学は論理だけでなく，実験や観察の結果を踏まえて解釈する「実証性」をも重んじるようになった．この変化は何によってもたらされたのであろうか．一つは「アラビアからのインパクト」といわれているもので，ローマ教会のフィルターのかかっていないギリシャの「生」の学問がアラビアから伝えられたこと，また中国に起源をもつ印刷術や羅針盤など新しい技術も姿を現し，社会における技術の役割が重視されるようになり，技術者の地位が向上し，それまで遊離していた学者と技術者との交流が図られるようになったことなどが要因として挙げられる．

ところで，17世紀の近代科学誕生に貢献した学者たちを見るとガリレイ（イタリア），ケプラー（ドイツ），デカルト（フランス），パスカル（フランス），ベーコン（イギリス），ニュートン（イギリス），ホイヘンス（オランダ）など西ヨーロッパの人たちが目につく．もちろん，経済力など当時の国の勢いも影響しているが，そうした地域でなければ近代科学が誕生しえなかった背景がある．それがキリスト教の自然観である．キリスト教では人間や自然は神によって創造されたものであり，神・人間・自然は厳然と区別された存在であるという．そこで学者たちは，神の英知を証明するためにその創造物である自然を研究しようとした．ニュートンが宇宙のすべての運動を説明できる統一原理（万有引力）を探したのもそのためであったという．彼が明らかにした宇宙の姿は万有引力で動く大きな機械であった．

このように自然は決められた法則に従って動く機械であるという考え（「機械論的自然観」という）はすでにデカルトによって提唱されていた考えであるが，そこから導かれるものは機械のしくみを調べるとき部品に分解するのと同じように自然を研究する場合も要素に分解して行うという考え（要素分析的方法）が生まれ，その後の科学の世界の主流となっていく．物理学や化学での分子，原子，原子核など，生物学での細胞，遺伝子，DNAなどミクロの方向への研究が進み一定の成果を挙げたが，近年になり環境問題が顕現化し，この方法に対して批判が出され，部品間，要素間の関連性，いわゆるシステムを重視する研究が求められるようになった．

産業革命——科学技術の登場

　科学文明を支えるもう一つの要素である科学技術の登場に移ろう．その舞台となったのが産業革命である．産業革命は18世紀の中ごろイギリスを皮切りにヨーロッパ，アメリカへと展開された．そのイギリスでは紡績が手仕事から機械を用いて行われるようになり，また機械も木製から鉄製に変化し，生産効率が高まった．全体としては農業経済社会から工業経済社会への移行がなされた出来事である（*40）．

　では，この時期にどのような科学知識が用いられ，どのような技術が開発されたのだろうか．やはり機械の大型化に伴い強い動力が求められることになる．人類史に見られる動力といえば人力，畜力，風力（風車），水力（水車），蒸気力（蒸気機関），電力（発電機）などが思い浮かぶ．この中で蒸気機関と発電機は科学技術といえそうである．

　蒸気機関の場合，18世紀前半にヨーロッパの各地の鉱山で揚水用に使われたニューコメンの開発したものは，まだ気体や熱エネルギーに関する科学研究は十分でなかったので筆者が定義する科学技術には当てはまらないが，ワットがそれを改良して熱効率のよい蒸気機関をつくる際にはジョセフ・ブラックという化学者が発見した「潜熱」という概念が影響を与えていたので，完全ではないが，科学技術として位置づけることができそうである．

　これに比べると，発電機などの電力技術は電気や磁気に関する科学（電磁気学）の知識があってはじめて開発可能であったので，完全な科学技術といえる．電磁気学に関する研究は19世紀初期から進展を見ており，発電機を開発するための基本的原理（マイケル・ファラデーによる電磁誘導現象の発見，1831年など）は早くから知られていたが，実用化に成功したのは19世紀中ごろであった．

　こうした科学技術の登場は産業界ばかりでなく，日常生活においても便利さを味わった人々の歓迎するところとなり，やがて科学技術万能主義ともいえる状況を迎えることになる．もちろん，すべての人が科学や科学技術に賛意を示したわけではない．科学的合理主義に徹するのでなく，もっと人間の感性を大切にしようというロマン主義者も現れている．また，急速な科学技術の導入に伴う弊害も表面化した．これらについては次の〈1.3〉で紹介する．

　いずれにせよ，科学文明は西ヨーロッパにおける産業革命の進行に伴って

その姿を現し，これまでの文明と異なり，科学技術という普遍性が働き，世界の各地に広がることになる．

1.3 人間環境と科学文明の関係

これまでに人間環境，科学文明それぞれの基本的な事柄について検討してきた．すでにある程度両者の関係について間接的に触れたが，ここでは両者の関係を中心に据え，はじめに科学文明の誕生によって人間環境がどのように変化したか，次いで，それによってどのような課題が生じたか，最後にその課題を解決するためにはどうするかなどについて検討する．

1.3.1 科学文明による人間環境の変化

ここでは科学文明によってもたらされた人間環境の変化の状況を検討することを主目的としているが，その前に古代都市文明の状況を簡単に紹介し，そこから科学文明にかかわる課題を見出しておこう．

（1）古代都市文明の抱えた環境問題

人類がこの地球上に誕生してしばらくの間は他の生物と同様，与えられた環境に順応する形で自然生態系の枠内で狩猟・採取の生活を行い，その期間では自分たちの活動によって人間環境を大きく変化させることはなかったであろう．しかし，道具を生み出し，火の使用を学ぶなど「技術」を身につけた人類は，気候の変化に伴う食料不足や逆に豊かな食料に恵まれて生じた人口増加圧など，いわゆる当時における環境問題を解決するために，ある集団はより適した生活の場を求めて移動したであろうし，あるグループはその地に留まり，先の「技術」を用いて周囲の自然的事象をつくり替えることを行ったと考えられる．〈1.2〉で紹介した「農耕生活」の開始はその大きな改変の第一段階であった．

次いで生まれた「都市文明」も気候変動によって生じた新たな環境問題解決の一つの現れであった．その際，同じ河川の流域に生まれた都市文明であっても，「メソポタミア文明」と「エジプト文明」ではその都市文明を維持する

ための「技術」の違いによって，前者ではさらに新たな環境問題を生じさせることになる．すなわち，メソポタミアでは乾燥した大地を耕地とするため人工の水路をつくり，河川から水を供給する「灌漑」農法を取り入れた．それによって一時は増加する人口の食料をまかなうことができたが，やがて地中の塩分が地表に吸い上げられるようになり，耕地は塩害に見舞われることになる．いっぽう，後者のエジプトでは季節的なナイル川の氾濫による水と栄養分の供給に依存し，大きく自然に手を加えない農耕方法を採用し，永続的な文明となった．安田は前者のような文明を「自然＝人間搾取系文明」，後者のような文明を「自然＝人間循環系文明」と名づけた(＊41)．

メソポタミア文明は食料不足や外敵の侵略などによって崩壊し，代わって地中海を中心とするギリシャ文明が繁栄するが，ここでも麦作農業と牧畜を組み合わせた「自然＝人間搾取系文明」が展開された．そのため，しだいに森は破壊され，再生不能な状態に陥ることになる．続くローマ文明，さらにはヨーロッパ各地で生まれた都市文明，広くはヨーロッパ文明も「自然＝人間搾取系文明」を受け継いで，中世から近世を経て，やがて科学文明を迎えることになるが，その間，人口や食料にかかわる環境問題，また家畜も含めた疾病の流行などの問題，さらに戦争などが加わり，人間環境は厳しい状況が続いた(＊42)．

いっぽう，エジプト文明は毎年の河川の氾濫による肥沃な泥土の供給を受けて，自然にほとんど手を加えることなく安定した農耕生活を営むことができたが，その背後にはナイル川上流のエチオピアやウガンダの人々が抱える森林破壊と土壌侵食という環境問題が存在していた(＊43)．〈1.1〉で述べた同じ事象でも環境主体によって環境問題になったり，ならなかったりするという歴史的事例の一つである．

では，永続性の高い「循環系文明」であるエジプト文明はなぜ滅亡したのだろうか．それは自然的事象でなく，「搾取系文明」を受け継いだローマ帝国による征服という人為的事象が原因であった．これに関連して興味あるアナロジーが安田によって行われている．共に「循環系文明」であるエジプト文明と「縄文時代以来の日本の森の文化」が2000年の差はあるが，「搾取系文明」の延長である「近代工業技術文明」によって駆逐され始めているという(＊44)．これからの文明のあり方を考える上で，このアナロジーは示唆に富む

ものである．ここから得られる示唆として自然がもつシステム，とりわけ「循環」ということを「文明」に取り込むことの大切さが見えてくる．

（2）科学文明誕生後の人間環境の変化

では，科学文明誕生後，人間環境はどのように変化したであろうか．その場合，科学文明の特徴として取り出した二つの事柄——「科学的思考を善とする価値観の共有」と「科学技術の社会への浸透」——は不可分の関係にあるが，可能な範囲でそれぞれに分けて検討してみよう．そうでないと「科学文明」＝「科学技術文明」となり，この文明の特徴の思想面がないがしろにされ，技術面のみが強調されることになるからである．

科学的思考（科学思想）の側面から

科学的思考とは近代科学が採用した自然的事象の解明に用いた研究方法（論理性，実証性）であるが，この方法を是とする立場は歴史的には「科学啓蒙主義」（現在，「啓蒙」という言葉は差別用語とされ，代わりに「啓発」とか「普及」が使われることが多いが，本書では歴史的事象の場合，従来の訳語をそのまま用いることにしている）と呼ばれており，18世紀にニュートン力学のすばらしさに触れたフランスのヴォルテール（1694～1778）によって普及され始め，のちD・ディドロー（1713～1784）やJ・L・ダランベール（1717～1783）などの百科全書派が中心になって活動が展開された．

科学啓蒙主義（内容を指すときには「科学啓蒙思想」）は主観も大切にしようというロマン主義者たちから批判を受けたが，科学的研究により得られた知識を利用して開発された技術の便利さなどから，広く人々に支持されることになる．19世紀には，科学啓蒙思想はイギリスの生物学者でダーウィンの進化論を強く支持したT・H・ハクスリー（1825～1895）たちによって教育の世界にも広められていく．これは従来の神学を中心とするヨーロッパの教育内容の変更であり，いわゆる「教育環境」（制度，学習内容など）の改変である．この場合でも，啓蒙主義者とその支持者たちにとっては「改善」，神学者やロマン主義者とそれに賛同する人たちには「改悪」というように，環境主体によって評価は異なったであろう．

日本では明治維新期に福澤諭吉が西洋文明の「技術面」の優秀さのみでな

く，自然的事象や物事に対する科学的捉え方のすばらしさを知り，『訓蒙窮理図解』（慶応4年〈明治元年〉1868年）なる著作を刊行するなど，科学啓蒙思想の普及に努力した．この本は3巻からなり，熱や空気，水などの話，昼夜のできるわけ，日食や月食が起こる話など現在の理科教育の教科書といった感じのものである．科学教育が学校教育の中に取り入れられるのは1872（明治5）年であり，そのときの教科書の一つとされたのが先のハクスリーたちによって出版された『科学入門叢書』の訳書である（＊45）．

こうした科学教育（日本の初等・中等教育では理科教育という）の普及によって人々は科学的知識を身につけ，人間にとっての環境の基礎をなす自然的事象についての認識，理解も以前のものとは変化した．たとえば，身近な事象としての「地震」（2011年3月11日の東日本大震災をもたらした「東北地方太平洋沖地震」など）や「雷」も，「大なまず」や「雷神さま」のなせる業ではなく，「地殻の変動」や「空気中の放電」に起因する自然的事象であるというように．また，医学の分野に目を向ければ，細菌学の発達によって伝染病に対する人々の認識も変化する．かつて遺伝病とされた肺結核も，結核菌の発見によってそれへの対応が大きく変化した（＊46）．

このように科学的思考に基づいて得られた知識（科学的知識）が人々の中に広まるにつれて，これまで抱いていた自然観，人間観，さらに世界観，人生観などを科学啓蒙主義に準じる方向へ変化させた人たちも多く見られたと考えられる．そのことが人類史から見てプラスなのか，マイナスなのかは決めることはできないが，科学的思考を肯定する人々が多くを占めている現在では，プラスという評価がなされるであろう．

すでに〈1.2〉でも取り上げたが，近代科学が成立した当時生まれた機械論的自然観に由来する「自然を部分の集合」と見なして研究する要素分析的方法（そうした立場を「要素還元主義」という）は，量子力学や相対性理論などでは通用しなくなったり，環境問題の顕現化でも批判されるようになるなど，「自然を部分の単なる集合」という自然観から「縫い目のない織物」にたとえ，「ホリスティック（全体的）で，なお，要素間のシステムから成り立っている」という自然観への転換が見られるようになってきている．いわゆる近代科学の「パラダイムシフト」と呼ばれるものである．こうした変化は科学者の世界ばかりでなく，広く思想や教育にも影響を与えつつある．

科学技術の側面から

さて,科学文明のもう一つの特徴である「科学技術の社会への浸透」について考えてみよう.〈1.2〉でも紹介したように,最近では「科学文明」としないで「科学技術文明」という言葉を使う人が増えてきている.このことについても〈1.2〉で筆者なりの見解は示しているが,科学研究と技術開発が表裏一体化し,そうして生まれた科学や技術が社会のあらゆる分野に影響を与えている状況を「科学技術文明」と呼ぶとすれば,時代的には 20 世紀後半ぐらいからの状況を指すことには同意しよう.それまではまだ両者の一体化は主流ではなく,科学研究の独自性は存在していたように思われる.そこから筆者は現代文明を科学文明とし,その中の技術という位置づけで「科学技術」という名称を用いているのである.そのことを前提に,科学技術が人間環境にどのような影響を与えたかを検討してみよう.

ところで,科学技術の分野は幅が広いのですべてを取り上げるゆとりはない.そこで「生物としてのヒト」という視点から注目される「大気環境」「水環境」「食環境」,そして近年急速に変化している「情報環境」を軸に,それぞれに関連する他の人間環境にも触れながら,それらに科学技術がどのような影響を与えてきたかを概観することにする.

① 大気環境の変化

大気環境への科学技術の影響といえば,「四日市ぜんそく」などの大気汚染,光化学スモッグ,酸性雨,オゾン層の破壊,地球温暖化などマイナスのイメージをもつ事例がいくつも思い浮かぶ.これらを眺めると,それぞれの原因とされる物質(硫黄酸化物,窒素酸化物,二酸化炭素など)は何らかの形で科学技術がかかわりをもった人間活動によって大気中に排出されたものであることがわかる.なお,地球温暖化に関しては太陽活動の結果であり,人間活動は関係がないという意見もあるが,最近,そうした意見が出された背景などをアメリカの科学者と政治家などとの関係から論じた科学史家の著作が出されており,参考になる(*47).

このような大気の悪化は世界各地の都市域で古くから見られており,代表的なものといえば家庭用燃料として石炭が用いられたロンドンの場合である.そのイギリスでは産業革命以後,蒸気機関の登場で石炭が燃料として大量に

使用されるようになり，「1870年までに，イギリスはおそらく10万台の石炭供給の蒸気機関を有しており，そのすべてが煙と二酸化硫黄を大量に拡散させていた」という (*48)．この蒸気機関，鉱山や工場ばかりでなく蒸気機関車，蒸気船，蒸気自動車など交通分野，あるいは農耕用トラクターの動力としても活用されるようになり，人々に便利さや快適さなどを与えながら都市域を越えて大気汚染を広めていった．

さらに都市域を越えた大気汚染を拡大したのがガソリンなど石油製品を燃料とした自動車の普及，いわゆるモータリゼーションの動きである．それは1920年代のアメリカ・フォード社による大衆車の生産を皮切りにヨーロッパ，やがて日本へと広まっていった．以前，筆者が調べた資料によれば，1913年，全国でわずか892台であった日本の自動車保有台数が1951年41万台，1956年150万台，1966年812万台，1976年2914万台というように近年急速に増加してきた (*49)．上に挙げた酸性雨や光化学スモッグは，その自動車から排出された炭化水素や窒素酸化物などが原因であった．

最近では自動車も環境配慮型の車種が増えてきており，また，燃料を石炭から石油に切り替えた工場でも排出する煙に汚染物質が含まれないよう技術改良 (たとえば，脱硫装置の設置) が進められており，大気汚染に関しては改善の歩みが見られる．しかし，地球温暖化に関しては遅々とした歩みである．

また，最近では放射性物質による大気汚染が問題になっている．広島，長崎への原爆投下に始まり，ビキニ環礁での水爆実験など何度も繰り返されている核実験，そして原子力発電所での「事故」(スリーマイル，チェルノブイリ，フクシマ) のたびに大気環境の悪化が起こっている．これまでの汚染物質も望まれるものではないが，放射性物質の汚染は将来世代にも影響を与えるものであり，今後絶対にあってはならない事象である．

では，大気環境への科学的技術のプラスの影響にはどのようなものがあるだろうか．ごく限られた空間での話であれば，空気清浄器のような装置で部屋の空気を改善することもできるが，残念ながら広範囲に拡散させた汚染物質を取り除くという技術は，絵に描くことはできても実現はできないであろう．そうしたことに莫大な資材とエネルギー，資金を投入するよりも排出源をなくすことである．

② 水環境の変化

次に水環境について検討してみよう．人間にとっての水環境を大きく分けると生活用水，産業用水（工業，農業など）など直接水が利用されるものと，交通や運搬，ときには廃棄などの場として利用されるものがある．ここでは生活用水のうち飲料水が科学技術とのかかわりでどのように変化したかを考察してみよう．

都市文明誕生以前では，飲料水は身近にある河川，池，泉，井戸などの水源から入手していたであろうが，安全性や味などの質的保障，供給量という量的保障は長い経験から生み出された「技術知」（自然界がもつ水の循環，川や池などの水の浄化作用などを破壊しない）が大きな役割を果たしていたと考えられる．

都市文明時代になると，集中した人口に対応した質的，量的保障が求められることになる．都市内や近くに飲料水に適した水源がない場合には遠隔地から水を供給する必要性が生じた．その名残の一つが有名なローマ時代の「水道」橋であるが，こうした「技術」で保障されるのは主に水の量的面であり，安全性など質的面では課題があった．一般に都市域での川や水路は生活排水の処理場でもあったので有害物質や伝染病原体が混入する危険性があった．

そうした点の改良が進んだのは科学文明下の浄水技術の成果であった．劉暁琳らによれば，その先駆は1804年，イギリスのペーズリーにおける都市浄水場であり，以来，1960年代までを第一段階としてもっぱら原水の濁度や病原細菌の除去を目指す処理が行われ，工業化が進むことになる1960年代以降の第二段階では生物による分解作用が困難な有機物質を除去する方策が行われるようになったという（*50）．

しかし，飲料水改善のための技術はそう簡単に進むものではなかった．劉のいう第一段階の主目的である殺菌用に投入された塩素が第二段階期の課題になっていた有機物質と反応してトリハロメタンという発がん性物質を発生させることになり問題となった（ごく最近，浄水場に取り入れた河川水に含まれていたヘキサメチレンテトラミンと浄水場で殺菌のために使われた塩素が反応して人体に有害なホルムアルデヒドが発生した事件があった．2012年5月中旬）．そこからオゾン処理と活性炭を組み合わせ，塩素投入量を減らし，トリハロメタンの発生を抑え，殺菌能力も高く，カビなどによる悪臭もなく

す浄水方法が生み出された．いわゆる高度浄水処理である．

　ところで，世界に視野を広げてみると，飲料水という一点に関しても，日本のように身近にある水道の蛇口から安全な飲料水を手にすることができる国は，アメリカやヨーロッパなど一部であるという現実が待ち受けている．世界保健機関（WHO）と国連児童基金（ユニセフ＝UNICEF）が共同で調査した結果によれば，2008年時点で安全で安心して飲むことができる水を口にすることができない人々が約9億人もいるという（＊51）．

　以上は生活用水のうちの飲料水に限定した状況であるが，生活用水にせよ，産業用水にせよ，科学技術の導入によって水環境が改善された分野もあるが，使用後の排水段階では質・量両面でさまざまな水環境の悪化が地域的にもグローバルな形で進んでいるのが現状である．

　③　食環境の変化

　さて，三つめの「食環境」に移ろう．ここで筆者がいう「食環境」とは「食べ物の生産（狩猟採取・漁撈も含めた）段階から加工・流通段階を経て消費段階までの間，直接・間接に食べ物にかかわる事象」のことである（＊52）．したがって，それぞれの段階で科学技術がどのような影響を与えているかを検討することになるが，それぞれの段階で代表的なものを取り上げ，その上で「食環境」全体への科学技術の影響を考察しよう．

　生産段階では，農業用トラクターなど機械の導入と化学肥料・農薬依存型栽培の導入がある．申すまでもなく化学肥料も農薬（有機化学の研究で生み出された農薬）も科学技術の成果物である．前者の農業用トラクターについては，大気環境でも少し触れたようにはじめは蒸気機関を動力としていたが，1920年代からアメリカ，イギリスなどで内燃機関を動力としたトラクターが使用されるようになる．日本では1950年代，政府の方針もあって内燃機関式の耕運機を皮切りに田植え機，コンバインなどが導入され始める．

　いっぽう，化学肥料や農薬も20世紀前半欧米からスタートし，日本でもそのころから使用が始まるが，大きくこれらに依存した農業が行われるようになるのは1950年代からである．それによって農作物の収量増加というプラス面は見られたが，農薬によって農民の健康が損なわれたり，栽培中に散布された農薬がそのまま消費者の口に入ったりするなどマイナス面も生じた．

また，栽培植物や飼育動物の品種改良も科学技術の仲間であり，それによる収量，栄養価などの改善は人々の健康や人口増加圧の解消という点でプラスの評価ができるであろう．ただ，品種改良に関連して遺伝子組み換え技術を巡っては賛否両論がある．

なお，農業に関連することで，これまで取り上げてきていない人間にとっての重要な環境要素として土（土壌）がある．日本ではまだ問題になっていないが，過剰な放牧や森林伐採などで農地における土壌流出がアメリカや熱帯地方など世界各地で起こっている．また農薬，有機溶剤，重金属などによる土壌汚染も課題を抱えている．

加工・流通段階でもプラス，マイナスの評価が見られている．プラスの例としては冷凍保存技術の進歩によって遠く離れた生産地と消費地をつなげることが可能になったという点，これに対して同じ保存方法として防腐剤を使用する場合，その防腐剤の発がん性が見出され問題になったというマイナスの例などである．筆者は遠距離輸送で運ばれた食べ物より，「地産地消」という方式に魅力を感じているが，現実にはなかなか難しい面もある．

なお，先の防腐剤に関係するが，食べ物を加工する段階でさまざまな添加物が使用されることが多い．現在，日本で使用が認められている食品添加物（指定添加物）の種類は368品目（2007年8月3日）で，アメリカの140品目をはるかに超えているようであり，それらが本当に安全なものかどうかという疑念も見られている．

消費段階ではどうだろうか．まず目立つのは電子レンジ，電気炊飯器など調理器具の器械化が進んでいることである．それとのかかわりもあるが，ほとんど調理済みの食品が店頭に並び，家での調理は電子レンジで温めるだけという状況も生み出されている．また，食事の仕方に関しても，ひととき「孤食」「単食」「短食」などの現象が問題になった（*53）．これらも家庭環境という視点から検討する必要がある．

以上，「食環境」を生産段階から消費段階まで，いくつかの例を取り上げ科学技術との関係を紹介したが，全体としては「食」の工業化とグローバル化という現象が進んできており，日本でも1950年代からそうした傾向が見られるようになった（*54）．この点に関して，古沢広祐は"エネルギーを多く消費する型の農業を農民に押し付けることになった"と批判している（*55）．

④「情報」環境の変化

現代社会が「情報化社会」と称されて久しい．最近では情報技術 (IT) の急速な「発達」もあって，世界的なレベルでそのことが感じられる状況である．では，この「情報」はここで論じている「人間にとっての環境」とどのような関係になるのだろうか．そこで，「情報」という言葉の定義を調べてみた．

情報教育の研究者小山田了三によれば，「情報という用語が，『① 様々な事実やデータ，② 知識，③ 概念』などの物事のメッセージ（案内）を示すことと，これらとやや異なる内容の『④ 上述した①から③までの事柄を伝える過程と ⑤ 情報を伝える手段』まで含めて使われていることに気づく」という (*56)．また『理工学辞典』によれば「生活主体と外部の客体との間の状況関係に関する知らせであり，判断を下したり行動を起こさせたりするために必要な知識」と定義されている (*57)．ほぼ小山田の調査結果を表している表現である．

情報には，その発信者と受信者がいる．人間環境に限定すると「受信者」は「環境主体」である人間．いっぽう「発信者」も「人間環境の一要因」である人間．すなわち「環境」と「環境主体」の関係が成り立ち，情報はその「かかわり」を担うものといえる．この「人間」どうしの情報のやりとりは人類史を眺めると大きく変化を遂げてきている．

はじめは「人間 (man)－人間 (man)」，やがて「人間 (man)－機器 (machine)－人間 (man)」，そして「機器 (machine)－人間 (man)」というように発信者と受信者とがそれぞれお互いを認識できた状態から情報機器を介在させることによって，情報伝達のスピードは速くなる一方で，両者が認識しあえる状態が弱まり，また伝達する情報も不特定多数を対象にすることになる．やがては「環境要因」であるはずの人間は姿を見せずに，あたかも情報自体が「環境要因」であるかのような状態になる．

最近では「情報環境」という言葉も登場している．この場合は「人間が生活する上で日々必要な情報を入手し，蓄積し，編集し，他の人に提示するために日常的に利用する環境」という解説 (*58) があり，筆者が考える「人間環境の一つとしての情報」という意味よりも限定的な定義である．

ところで，「情報環境」という概念がすでに 1970 年代はじめに加藤秀俊，梅棹忠夫，小松左京らによる「情報論の課題」というシンポジウムで構築さ

れていた（*59）．筆者はこの情報を大橋力の『情報環境学』（*60）を通して入手することができた．前者のシンポジウムにおける加藤の「情報論は，一種の環境論に入るのかもしれない」という発言がきっかけのようである．そこには文明論的視点から「情報」の意味を検討すべきという考えが見受けられ，筆者の想いに通じるものであった．大橋は加藤らの考えを引き継ぎ，現代の科学文明の欠陥を改善すべき方法論を確立することを目指し，「情報環境学」なる学問分野を提唱していた．今や「携帯・ネット依存症」などという言葉も聞かれるように，私たちにとって無視できない「情報」を広く人間環境という視点から検討する必要があるのではないか．

1.3.2 科学文明に由来する環境問題解決の方策

　以上，科学文明のもとでの人間環境の変化をいくつかのトピックで紹介してみた．もちろん環境主体によって評価は異なるであろうが，プラス，マイナス両面の変化が見られた．ここではその変化を全体的な視点で考えてみよう．

（1）石油文明の功罪

　科学文明を指して「石油文明」ということがある．それはこの文明の物質的基盤が石油であるところからきている．ときには石炭や天然ガスも含めて「化石燃料依存の文明」ということもある．石炭は産業革命後，機械の動力や製鉄などの燃料として大量に使われたことはすでに述べたが，その後，燃料としてだけでなく，合成染料の原料などとして利用されるようになる．このことは石油にも当てはまる．石油の場合もはじめは照明用（灯油）として，次いで自動車の燃料（ガソリンなど）として活用されるが，のちにはアルコール，塩化ビニル，ポリウレタン，合成洗剤などさまざまな製品の原料となった．それを可能にしたのが石油化学技術の進歩であったが，同時に石油化学工業などそれを利用する産業界の存在が背景にあった．

　確かにいろいろ便利な製品を提供してくれる石油化学技術は人々に歓迎されたが，いっぽうで前項で取り上げた大気環境，水環境，食環境を含めて人間環境にマイナスの影響を与えることにかかわりをもった．しばしばこのよ

うな技術に見られるプラス，マイナスの影響を指して「技術の二面性」という言葉が使われ，筆者も使ったことがある（*61）．しかし，工場や自動車からの排ガスや工場や家庭から河川など水圏に放出される排水が大気中や河川などに入った結果，人間環境にマイナスの影響を与えたのであれば，それは欠陥技術なのであって使うべきものではないはず．これまでは，大気や河川など共有空間（コモンズ）に甘えていたのである．というよりも，これら共有空間を質的にも量的にも許容してくれる形で使用していたのである．

かつては「三尺流れて水清し」という諺があるように，川に有機物（たとえば，ご飯粒）が台所から流れ出たとしても川のもつ「自浄作用」（バクテリアなどの働き）によって無機物（二酸化炭素と水）に分解され，きれいになったのである．もちろん，大量に流せば自浄作用が限界に達し，有機物が腐敗する危険性はあるが．しかし，今は自浄作用が働くことのできない物質（プラスチックなど合成有機化合物）が廃棄されたり，もともと自浄作用にかかわるバクテリアや原生生物などが生息できないコンクリート三面張りの河川になっていたりしているところが多い．これは別の言い方をすれば自然生態系がもつ物質の「循環」という機能を失わせているということでもある．

また，多くの人が環境主体となっていると考えられる大気圏における環境問題として，地球温暖化やオゾン層の破壊など地球規模のものや酸性雨のような国境を越えたものが挙げられるが，これらの原因とされている物質（順に二酸化炭素などの温室効果ガス，フロンガス，硫酸・硝酸・塩酸などの酸性物質）も共有空間である大気へ意識的，無意識的に廃棄物として捨てたものである．

大気環境の汚染にせよ，水環境の汚染・汚濁にせよ，自分にとって不要となったもの（いわゆるゴミ）を安易に放棄する人々の意識が見え隠れしている．

（2）環境問題解決策の視点

さて，こうした人間にとっての環境問題をどう解決するか．その方策の視点として三つのものが現実に見られている．一つめは技術的視点であり，二つめは経済や政治，法律を含めた社会システムの改善という視点，3番目として人々の意識の変革を促すという教育（学習）の視点である．

これらはお互いに関連するものであるが，それぞれについて簡単に紹介し

てみよう．

技術的改善策

　技術の欠陥は技術の改善で解決できるという主張もあれば，それを批判する考えもある．この場合，大切なことはどのような技術についての話なのかを明確にすることである．

　これまで紹介した環境問題の多くは，「循環」というキーワードを欠いた技術を使用した結果生まれたものである．そこで技術的改善で環境問題を解決しようとするならば，その技術が実用に供されるとき，その技術が影響を及ぼす可能性のある事象との間で物質の循環やエネルギーのバランスが保障されるかどうかを検討する必要がある．たとえば，エコ・カーとして売り出された電気自動車やハイブリッド・カーなどがエネルギー効率や排ガスなどの視点で環境配慮をしていても，他の視点，生産から廃車処理までのエネルギー使用量などへの配慮が欠けているとすると新たな環境問題を起こしかねないなど．

　今，風力発電，地熱発電など再生可能なエネルギーの開発に多くの科学者，技術者が関心をもち，研究を開始している．そうした場合でもクリーン・エネルギーという視点だけで取り組むのでなく，それらが設置される場所やその近辺で生活する人々の環境にも目を向ける必要がある．地熱発電の場合には近接する温泉地の人々との共生が求められる．ここでは単に技術開発内部の問題を超え，次の社会システムの視点も含まれてくるので課題は大きい．

社会システム的改善

　いくら「循環」という視点をもった技術が開発されても，それを受け入れる社会の方に「循環」の視点がなければ役立たない．大量生産・大量消費・大量廃棄という科学文明が生み出した工業化社会の特徴から脱却し，資源のリサイクル，リユース，リデュース (3R) などを通して築こうとする「循環型社会」とか「持続可能な社会」の実現にはまだまだ道程が長い状況である．本書の第 2 章で環境教育の基礎として紹介する環境を視野に入れた社会科学系の学問，たとえば環境経済学，環境政治学，環境法学，環境社会学などからの「知恵」と技術開発を進める科学・工学系の「知恵」との結びつきが期

待される.

　しかし,それに加えて「人間の生き方」という根源的な視点が必要である.それに関連して鳥井は今日の科学技術という概念の一つの罪として「人文学や社会科学を軽視する風潮を生み出したこと」を挙げている(*62).筆者も同感である.

共に意識変革する学習

　大量生産・大量消費・大量廃棄というライフスタイルに慣れていた私たちにはだかったのが人間環境の悪化であった.第5章でも取り上げるが,今から50年前(1962年),アメリカの海洋生物学者レイチェル・カーソンは『沈黙の春』という著作でDDTなどの農薬を事例にして,現代の技術文明の問題点を指摘し,高速道路をスピードを出して走るような生活に別れを告げ,新たな「べつの道」を歩もうという提言をした(*63).その別の道がいかなるものであるべきかは一人ひとりの考えによって異なるかもしれないが,この本の中で人間がさまざまな生き物とともに複雑に織りなす網の一つの結び目に位置すること,言い換えれば生態系の一員であることを自覚・認識することを求めていることから判断すると,「循環」を保障するライフスタイル(文明)が彼女の「べつの道」であろうと思う.

　次章から扱う「環境教育」はこれまでの自分たちが享受してきているライフスタイル(文明)を問い直し,より望ましいライフスタイル(文明)を探し求める共同の学習なのである.

BOX1:「牛乳パック回収」から「Rびんプロジェクト」へ

　手元に『りさ と りた』というタイトルの絵本がある.その表紙には「りさ」と名づけられたびんと「りた」と呼ばれているびんが1本ずつ描かれている.絵本を開くと前者はリサイクルされるびん,後者はリターナブル(リユース)びんの「略称」であることがわかる.しかし,「資源再利用」ということになると「リサイクル」という言葉を思い出す人が多く,なかなか「リターナブル(リユース)」という言葉

やそれがもつ意味まで理解している人が少ない状況である．そうした状況を打破したいという思いをもつ数人の仲間たちが，まずは子どもたちに興味関心をもってもらおうということでつくった「紙芝居」をもとに生み出されたのがこの絵本である．筆者はそうした仲間のお一人西村優子さんからこの絵本を頂戴し，大変わかりやすい話の進め方などに感心した．

　西村さんは筆者が勤務していた大阪教育大学の所在地柏原市の市民である．はじめて筆者がお会いしたのは筆者の研究室が柏原のキャンパスに移転した1993年の夏，柏原市消費生活研究会で環境に関する話をさせていただいたときである．あとで知ったのだが，そのころ西村さんはすでに地域のお仲間と牛乳パック回収の活動に取り組まれていた（1989年より）．その取り組み方もしっかりしたもので学校を回収拠点にするなど，いわゆる「リサイクル」を可能にするしくみを提案，回収者（市民）と再生業者，生産者，消費者（市民）をつなげた市民ブランドの「ただいまロール」（トイレットペーパー）と「おかえりロール」（ティッシュ）の開発に加わったという．この出会いののち，環境保全活動のほか環境教育に関心をもたれた西村さんは筆者がかかわっている日本環境教育学会に所属され，学会事務局の仕事のほか，全国大会や関西支部の研究会への参加など積極的に活動されてきた．

　では，西村さんは何をきっかけに「環境」への「関心」をもつようになったのだろうか．そこでご本人の話を聞いてみよう．西村さんによれば「環境」という視点をもたずに，「たまたま」生ゴミを土に埋めたそうである．"それが知らぬ間に土に還っていくという事実，やがてそこから芽が出たときの衝撃は，今も鮮明な記憶として私の中に存在している"という．大阪市内で生まれ育ち，自然とのふれあいの機会がほとんどなく，むしろ，自然嫌いだった西村さんにとって，この体験は"自分が自然の循環の中の一員であるという実感"，"今までそこから切り離されていたという現実への覚醒"，"自然からなんと遠いところにいたのかという想い"などを生み出すことになった．まさに，この体験が西村さんの「環境」への「気づき」のきっかけであり，その後の「牛乳パック回収活動」などにつながっていくことになる．この

あたりは環境教育のあり方を考える上で参考になるものが多く含まれていそうである．

さて，西村さんの活動は「牛乳パック回収」活動に留まったのではない．ここまでであれば，はじめの絵本でいえば「りさ」の話であり，「りた」は登場しないし，絵本自体も姿を見せなかったであろう．実は「りた」の登場をもたらしたのは西村さんのあること――それは筆者も経験したことであるが，牛乳パックの回収量を競うような雰囲気？――に対する疑問であった．"そもそも，牛乳パックの使用量が多いことが問題ではないか"，"びん牛乳なら再利用でき，パックのような廃棄物は発生しないのではないか"．そう考えた西村さんは「リサイクル」から「リターナブル（リユース）」へ力点を移すことになる．

そのころ，全国的にも「リターナブルびん」を普及させようという動きが見られていた．それは1995年に公布された「容器包装リサイクル法」に対する動きでもあった．この法律ではコスト面で「リサイクル（ここでは「ワンウエイ容器」）」に比べ「リターナブル容器」が不利になり，ますますその普及が進まないという危惧があった．そうした状況の中，1999年に西村さんは「Rびんプロジェクト」という組織を立ち上げ，「リターナブル（リユース）」びんの普及を図るための活動を開始した．メーカー・流通への「リターナブル（リユース）」びんの導入をお願いすることと，一般の人々への啓発活動を進めることを目指したのである．その後者の啓発活動の一つがはじめの「絵本」であった．

西村さんたちは絵本や紙芝居，あるいは環境に関連する教材などを携えながら学校などでの出前学習会を行っているが，そのときのポリシーなどで学ばせてもらうことがいくつもある．その一つは"環境のことに気づいていない状態の人にとっては知識やお説教はまったく説得力がなく，むしろうっとうしく思われて逆効果になるのがオチである．""私は一貫して「無関心な人に気づいてもらえるような」啓発を意識して心がけてきた．私は専門家でも研究者でもない．しかし私自身が気づくに至ったようなきっかけをつくることはできるのではないか"という西村さんの言葉．とても大切なことであり，環境教育があ

1.3 人間環境と科学文明の関係 53

『りさ と りた』の絵本表紙，(R びんプロジェクト発行，2001)

くまでも「共に学ぶ」ことであるということを具現されている．

　今，西村さんは「びんリユース推進全国協議会」の運営委員として活動されている．2013 年度その協議会では地球環境基金の助成を受けて「2R 環境教育」という教師用指導資料の作成に取り組んでいるが，そこでも積極的に活動されている．では，この「2R 環境教育」はそもそもどのようなことなのだろうか．「3R」といえば「リサイクル (recycle)」「リユース (reuse)」「リデュース (reduce)」といわれるものであるが，そのうち，「リサイクル」を除いた「リユース」と「リデュース」を主体にした環境教育という意味である．「リサイクル」さえすればよい，というのでなく，「リユース」や「リデュース」こそ大切であることを人々に認識してほしいというのである．西村さんとお話をしているとその想いがひしひしと伝わってくる．

　最後に詩人津崎優子さん（西村さんのこと）の詩集『水の色は地球の色』(1995 年) の「途切れた輪」の一節を紹介しておこう．西村さんの「環境への気づき」につながる感性が満ちている．

　　食べたあとの　メロンの皮を　種とともに　庭に埋めたら　芽が出
　　て　花が咲いて　それ以来　生ごみ　ということばが　使えない

引用文献

(＊1)　沼田　眞「生態学から見た環境教育」伊東俊太郎編集『講座　文明と環境　第14巻　環境倫理と環境教育』朝倉書店，1996年，pp. 138–147．

(＊2)　高野繁男「『哲学字彙』の和製漢語―その語基の生成法・造語法」『神奈川大学人文科学研究所報』No. 37，2004年，pp. 87–108．

(＊3)　今村光章「環境教育の意義と特質―国内の文書をてがかりとして」川嶋宗継・市川智史・今村光章編著『環境教育への招待』ミネルヴァ書房，2002年，pp. 56–63．

(＊4)　中山和久「日本文化における環境と心身」『心身健康科学』第8巻第1号，2012年，pp. 21–26．

(＊5)　沼田　眞，前出（＊1）．

(＊6)　中山和久，前出（＊4）．

(＊7)　鈴木善次『人間環境教育論―生物としてのヒトから科学文明を見る』創元社，1994年，pp. 10–15．

(＊8)　ユクスキュル著，日高敏隆・野田保之訳『生物から見た世界』思索社，1973年，pp. 79–87（新装版，新思索社，1995年）．

(＊9)　沼田　眞，前出（＊1）．

(＊10)　日高敏隆『動人物―動物のなかにいる人間』福村出版，1990年，p. 188．

(＊11)　石上文正「『環境』の定義について」『人間と環境　電子版』No. 1，人間環境大学，2011年．

(＊12)　八杉龍一ほか編『岩波生物学辞典』第四版，岩波書店，1996年．

(＊13)　荒木　峻・沼田　眞・和田　攻編『環境科学辞典』東京化学同人，1985年．

(＊14)　湯川秀樹「物質文明と精神文明」『自然と理性』朝日新聞，1946年，『湯川秀樹著作集4　科学文明と創造性』岩波書店，1989年所収，pp. 23–26．

(＊15)　佐藤　亨『現代に生きる幕末・明治初期漢語辞典』明治書院，2007年．

(＊16)　M・S・ガーバリーノ著，木山英明・大平裕司訳『文化人類学の歴史―社会思想から文化の科学へ』新泉社，1987年，pp. 248–249．

(＊17)　村上陽一郎『文明のなかの科学』青土社，1994年，pp. 75–77．

(＊18)　伊東俊太郎「文化と文明」東京大学公開講座『文明と人間』東京大学出版会，1981年，pp. 1–28．

(＊19)　伊東俊太郎『比較文明と日本』中央公論社，1990年，p. 241．

(＊20)　井山弘幸・金森　修『現代科学論―科学をとらえ直そう』新曜社，2000年，pp. 60–68．

(＊21)　伊東俊太郎，前出（＊18）．

(＊22)　吉田雅章「環境問題と文化」長崎大学文化環境研究会編『環境と文化』九州大学出版部，2000年，pp. 37–59．

(＊23)　鈴木善次『随想・科学のイメージ―日本人はどう受けとめてきたか』海鳴社，1986年，pp. 5–7．

(*24) 吉田　忠「自然と科学」相良　亨ほか編『講座　日本思想』第1巻，東京大学出版会，1983年，p. 342.
(*25) 鈴木善次，前出（*23），pp. 7–9.
(*26) 飯田賢一「『百学連環』解説」加藤周一ほか編，飯田賢一校注『日本近代思想大系　14　科学と技術』岩波書店，1989年，pp. 53–80.
(*27) 飯田賢一，前出（*26）．
(*28) 江崎玲於奈「世界の技術革新と日米の比較」『蔵前工業会誌』1982年10月．
(*29) 村上陽一郎，前出（*17），pp. 37–39.
(*30) 市川惇信『暴走する科学技術文明』岩波書店，2000年．
(*31) 鳥井弘之『科学技術文明再生論』日本経済新聞出版社，2006年．
(*32) 伊東俊太郎「総論1　文明の画期と環境変動」伊東俊太郎・安田喜憲編『講座　文明と環境　第2巻　地球と文明の画期』朝倉書店，1996年，pp. 1–10（新装版，2008年）．
(*33) 安田喜憲『稲作漁撈文明―長江文明から弥生文化へ』雄山閣，2009年，pp. 31–78.
(*34) 安田喜憲，前出（*33），pp. 79–123.
(*35) 伊東俊太郎，前出（*32），pp. 2–4.
(*36) 伊東俊太郎，前出（*32），pp. 4–5.
(*37) 安田喜憲，前出（*33）．
(*38) 川西宏幸「総論　都市と文明」金関恕・川西宏幸編『講座　文明と環境　第4巻　都市と文明』朝倉書店，1996年（新装版，2008年），pp. 1–8.
(*39) 伊東俊太郎，前出（*32）．
(*40) 鈴木善次，前出（*7），pp. 109–120.
(*41) 安田喜憲『人類破滅の選択』学習研究社，1990年，p. 36.
(*42) クライブ・ポンディング著，石　弘之・京都大学環境史研究会訳『緑の世界史　上』朝日新聞社，1994年，pp. 147–192.
(*43) クライブ・ポンディング，前出（*42），pp. 117–146.
(*44) 安田喜憲『文明は緑を食べる』読売新聞社，1989年，pp. 162–194.
(*45) 鈴木善次，前出（*7），pp. 152–157.
(*46) 鈴木善次『バイオロジー事始―異文化と出会った明治人たち』吉川弘文館，2005年，pp. 139–151.
(*47) ナオミ・オレスケ＋エリック・M・コンウェイ著，福岡洋一訳『世界を騙しつづける科学者たち』上・下，楽工社，2011年，（下）pp. 77–162.
(*48) J・R・マクニール著，海津正倫・溝口常俊監訳『20世紀環境史』名古屋大学出版会，2011年，p. 43（pp. 38–64）．
(*49) 鈴木善次『人間環境論―科学と人間のかかわり』明治図書，1978年，p. 168〈大阪自動車排出ガス対策推進会議『大阪における自動車排出ガス対策の歩み

(その7)』昭和52年より作表〉.
- (＊50) 劉暁琳・大瀧雅寛「浄水処理技術の歴史と新技術」『生活工学研究』第3巻第2号, 2001年, pp. 172–173.
- (＊51) インターネット．Water Problems (2012年5月27日検索).
- (＊52) 鈴木善次「持続可能な社会を築く食環境の学習」鈴木善次監修, 朝岡幸彦・菊池陽子・野村　卓編著『食農で教育再生―保育園・学校から社会教育まで』農文協, 2007年, pp. 188–204.
- (＊53) 山本博史『現代たべもの事情』岩波新書, 1995年.
- (＊54) 鈴木善次「農業生産技術の『近代化』」中山　茂・吉岡　斉編著『戦後科学技術の社会史』朝日選書, 1994年, pp. 158–162.
- (＊55) 古沢広祐『共生社会の論理』学陽書房, 1988年.
- (＊56) 小山田了三『情報史・情報学』東京電機大学出版局, 1993年, pp. 18–20.
- (＊57) 東京理科大学理工学辞典編集委員会編『理工学辞典』初版, 日刊工業新聞社, 1996年, p. 698.
- (＊58) d.hatena.ne.jp/keyword/情報.「はてなキーワード」より検索. 2013年8月26日, 12月10日.
- (＊59) 加藤秀俊責任編集『情報環境からの挑戦』(『現代に生きる』第2巻) 東洋経済新報社, 1971年.
- (＊60) 大橋　力『情報環境学』朝倉書店, 1989年, p. 282.
- (＊61) 鈴木善次, 前出 (＊7), pp. 133–134.
- (＊62) 鳥井弘之, 前出 (＊31), pp. 179–181.
- (＊63) レイチェル・カーソン著, 青樹簗一訳『沈黙の春』新潮文庫, 1974年, pp. 308–332.

第2章
科学文明と環境教育

　前章の最後で「環境教育」はこれまでの自分たちが享受してきているライフスタイル（科学文明）を問い直し，より望ましいライフスタイル（文明）を探し求める共同の学習である，と述べた．最近では「環境教育」という言葉も広く知られているようであるが，そうした教育が生まれた背景や意義などについてはどうであろうか．どのような事象であってもそれぞれに歴史があり，そのことを認識することなく対応すると，その事象をよりよく理解することができない．そこで本章〈2.1〉では，はじめに「環境教育誕生の背景とその歴史的変遷」を取り上げ，次いで〈2.2〉で「環境教育の成立とその目的・目標」を，さらに〈2.3〉において「環境教育学」構築に向けての学問的基礎などを検討してみよう．

2.1　環境教育誕生の背景とその歴史的変遷

　「人間とは遊ぶ動物（Homo Ludens）である」（ホイジンガ『ホモ・ルーデンス』1938年）とか「人間とは道具をつくる動物（Homo Faber）である」など他の動物と比較することによって「人間とは何か」を明らかにしようとする試みがこれまで見られてきているが，その一つに「人間とは教育されなければならない動物（animal educandum）」（ランゲフェルド，M. J. Langeveld, 1905〜1989）という表現もある（*1）．確かに私たち人間は本能に依存して生活する他の多くの動物と異なり，生を受けた社会に適応する（ときには社会を改善する）「力」を教育を通して身につけて生きている存在である．

　その「生を受けた社会」の状況は狩猟・採取時代から現在に至る間に大きく変化してきており，当然，それによって必要とする「力」も，そのための教育の状況も変化してきている．新たな教育論やその実践活動——ここでは

環境教育——の登場もその例外ではない．そこで，まず科学文明誕生前後から環境教育登場までの間における社会状況の変化に伴って教育，特に環境教育に関連する分野でどのような教育論や実践が見られるようになったかを概観，検討してみる．

2.1.1　環境教育登場以前の教育の動向

すでに第1章で述べたように，西ヨーロッパを起源にした科学文明は今や地球規模の文明として君臨する状況になっている．その文明に対応した「教育」も同様の道をたどりつつあるが，ここでは，まず科学文明誕生時に欧米ではどのような教育論や教育実践活動が登場したかを概観し，次いで環境教育の先駆的教育活動について検討してみる．

（1）科学文明の誕生と教育

第1章において，科学文明の特徴として「科学的（論理的，実証的）思考」を是とする考えが人々の間に広まっていることと，さまざまな科学技術が政治や経済などを含めて私たちの生活の中に広く浸透していることを挙げた．そうした特徴をもつ「文明」のもとで生活する人々にとっては「生物としてのヒト」という基本的「力」と同時に，これらの特徴に対応した「力」をも身につけることが必要である．先に紹介したように明治のはじめ，福澤諭吉は『訓蒙窮理図解』なる小著(*2)を出版し，もっと科学的・合理的に考えることが必要であることを論じ，日本の近代化を進めるために人々の意識変革を求めたが，それより前，西ヨーロッパにおいて科学文明が誕生するころ，同じような議論とそのための教育論が展開された．

その先駆的人物として教育史に登場する17世紀のドイツのコメニウス（J. A. Comenius，1592～1670，モラビア生まれ）は「すべての人に全ての普通教育を」という「汎教育の思想」(*3)を掲げるとともに，近代科学の成立に貢献したイギリスのフランシス・ベーコン（F. Bacon，1561～1626）らの影響を受けて科学教育の必要性を説いた．その教育方法として子どもたちに実物を見せる，実物から学習をスタートさせるという，いわゆる「直観教授論」を展開した．

次いで18世紀になると自然科学の分野では17世紀の物理学分野の変革に続き，化学分野も進歩し，フランスを中心とした「科学啓蒙」の運動が広がりを見せるようになる．この時代の有名な教育思想家としてはルソー（J. J. Rousseau, 1712～1778, スイス生まれ，フランス）やペスタロッチ（J. H. Pestalozzi, 1746～1827, スイス）などを挙げることができる．彼らもコメニウスの考えを引き継ぎ，ルソーは『エミール』なる著作を通し，主として家庭教育のあり方を，ペスタロッチは「民衆教育の父」といわれるように主として貧しい子どもたちを対象にした実践を通して，学校教育のあり方などを論じた(*4)．しかし，思想面だけではなかなか学校教育の中に科学や技術に関する教育を取り入れるのは難しかった．

19世紀になり，イギリスに始まった産業革命がドイツやフランス，さらにはアメリカなどに広がり始め，その過程で科学の実用化，すなわち科学技術の活用がさまざまな形で見られるようになると国家自体，企業，そして一般の人々の科学や科学技術についての評価が高まり，それに伴ってそれらの教育の重要性が認識されるようになった．国によっていくらかのずれは見られたが，19世紀はじめから中ごろにかけて科学者や技術者という専門家養成を目的とした理工科系の大学教育ばかりでなく，中等教育，さらには初等教育の段階で科学教育（日本では初等・中等教育については「理科教育」という言葉が使われる）が行われるようになる．

ここで注目しておきたいのは多くの人々を対象とした公教育が設置されていることと，その中で科学や科学技術に関する教育が行われている点である．実は公教育の設置にはフランス革命の精神が反映されていること(*5)や産業革命によって生まれた工場労働者という新たな階層（農村から工業都市への人口移動）の教育環境の向上を目指す動きも見られたことである．まさに，教育がその時代の社会状況と大きくかかわりをもつ事例である．

（2）「自然」と向き合う教育

ところで，「実物」を通しての教育という場合，そもそも「実物」とは何かが問われるし，その「実物」をどのように「観させるか」も問題になる．ここでいう科学教育の素材はいうまでもなく自然的事象であるが，産業革命によって重要性が認識された科学教育や技術教育では，ともすると「技術開発

に役立つ科学知識」「資源としての自然的事象に関する知識」などが準備されたと考えられる．産業革命の進行に伴うさまざまな機械類の登場やその動力源としての燃料（薪や石炭）や鉱物資源などを得るための自然破壊の状況はそのことを示している．こうした状況に対して19世紀末から20世紀はじめにかけて，上記のような視点からでない「自然」という「実物」に目を向けたいくつかの教育運動が生まれてきた．

「自然学習」（ネーチャー・スタディ，Nature Study）

たとえば，アメリカでは「ネーチャー・スタディの父」と称されたジャックマン（W. S. Jackman，1855〜1907）らによってペスタロッチらの考えが受け継がれ，子どもたちを直接自然に触れさせ，自然への興味，関心，共感などを育てようとする教育活動が展開された．この「ネーチャー・スタディ」は「自然学習」と訳されているが，宇佐美寛によればネーチャー・スタディを一つの教科と考える立場では「自然科」と訳す人もいるという（*6）．

アメリカにおける「自然学習」といえばジャックマンのほかにベイリ（L. H. Bailey，1858〜1954）が著名である．彼は農業大学出身であることもあって，当時のアメリカで急速に工業化，都市化が進みつつある中で農村が疲弊していく姿を見て，その改善運動を行う．彼はその中核部分として自然学習を位置づけた（*7）．

またイギリスではスコットランド生まれの生物学者で，のち社会科学の分野に転じたパトリック・ゲデス（P. Geddes，1854〜1932）が教育への地域調査活動を取り入れた「自然学習」を提唱している（*8）．自然学習に「地域」の視点を取り入れたことは先のベイリと同様であり，また次に取り上げるドイツのユンゲにも見られることで，いずれも今日の環境教育の先駆的活動であったといえよう．

「生活共同体教育論」

ドイツの生態学者メビウス（K. A. Möbius，1825〜1908）は岩礁のカキが周囲の生物たちとかかわりをもちながら生活していることに気づき「生活共同体」（Biozönose）という概念を提唱した（1877年）．その考えや，フンボルト（A. von Humboldt，1769〜1859）の地域的統一体としての地域の考え

に刺激を受け,『生活共同体としての村の池』(Der Dorfteich als Lebensgemeinschaft, 1885) なる著書 (*9) を公にした一人の生物教師がいた．それがフリードリヒ・ユンゲ (F. Junge, 1832〜1905) である．彼は村の池を学習フィールドにして，その池の生き物たちが彼らにとっての環境 (他の生物や人間社会も含め) とお互いにかかわりをもちながら調和的に生活していることを具体的な観察を通して子どもたちに理解させる学習論を提案した．これは実物を通しての学習というペスタロッチらの考えと上に紹介したゲデスの「地域」重視の考えを併せもつものであるといえよう.

このユンゲの教育論はドイツ留学を経験した理科教育者棚橋源太郎 (1869〜1961) によって日本にも紹介され，その影響のもとの教科書も作成された (*10)．田中千子 (筆者の卒論学生) と筆者は当時の日本の理科教科書へのユンゲの思想の影響などを調査したが，棚橋らの作成した授業書を除くと，影響はほとんど見られなかった (*11).

自然保護活動を通しての教育
こうした「自然と向き合う教育」が展開されるいっぽう，欧米では産業革命による工業化に伴う自然破壊が急速に進んでいた．特にアメリカでは移民による開拓で自然はみるみる失われていった．19 世紀末にはそれを危惧する声とともにいくつかの自然保護団体が生まれる．たとえば，アメリカ森林協会 (1875 年), シエラ・クラブ (1892 年), 全米オーデュボン協会 (1905 年) など．このうち，シエラ・クラブは探検家ジョン・ミューア (John Muir, 1838〜1914) を会長にわずか 27 名の会員でシエラ山脈を開発から守るなどの目的で活動が開始されたものである．また，オーデュボン協会は，大型獣のハンターたちの集まりを起源に，のち野鳥クラブを経て，野鳥保護を目指して生まれた団体である．いずれも現在では国の環境政策に大きな影響を与えるものになっている．沼田眞はこれらに加え，イギリスで始まったナショナル・トラスト (正式名称は「歴史的興味のある場所あるいは自然美の場所のナショナル・トラスト」) やアメリカのランド・トラストなどの運動にも注目している (*12)．トラストは会費や寄付などで目的とする場所などを買い取り保護する活動である.

筆者はこうした自然保護団体の活動の中にも環境教育に通じるものがある

と考えている．実際に 1949 年には「シエラ・クラブと原生自然協会が発起人となって 1 年おきに公開の環境教育フォーラムを開催した」という記述も見られる（*13）．

2.1.2　日本における環境関連教育の先駆的活動

以上，科学文明への対応における欧米教育界の状況の一端を紹介してみた．では，日本ではどうであったのか．

すでに福澤諭吉の言葉を紹介したが，科学文明を受け入れる考えは明治政府にもあり，科学や科学技術の知識を身につけた人材育成が目指される．1877（明治 10）年に文部省により東京大学（理学部など）が，また同年に工部省管轄下にあった工部寮が改称された工部大学校（のちの東京大学工学部）がそれぞれ設置され，科学者や技術者の専門家養成が開始された．

いっぽうで一般の人々に対する教育はそれより早く，1872（明治 5）年に小学校がスタートし，そこで科学関連の授業（「小学物理」「小学化学」など）が始まった．しかし，それは先に紹介したコメニウスらの実物を通しての授業とは逆の「読み物」的，また「教え込み」型の学習であった．今日馴染みのある「理科」という名称の教科が誕生するのは 1886（明治 19）年であるが，そのときでもまだ，コメニウスたちの思想を取り入れた教育を実施する「教育環境」にはほど遠い状況であった．大正時代，「科学戦」といわれた第一次世界大戦の影響もあって一時，実験を重んじる理科教育を進める動きもあったが，その後も相変わらず，講義中心の理科教育が行われた．

ここでは，理科教育など科学文明を進める上での教育活動の状況は最小限に留め，科学文明の負の部分（自然破壊や生活環境の悪化など）への対策としての教育の動向を眺めてみることにする．その主なものは「日本の環境教育の二つの源流」（*14）ともいわれる「自然保護教育」と「公害教育」である．なお，ここでは主としてそれらの「教育」面を扱い，自然保護運動や公害反対運動などの面は他書に譲ることにする．

（1）自然保護教育の動向

そこで，まず「自然保護教育」について検討してみよう．辞典（*15）など

によると「自然保護教育」とは「自然と人間とのかかわりを通して自然の大切さを学ぶことを目的とした教育」「自然保護に対する関心を高め，自然のしくみに関する知識や技術を普及し，自然保護問題を解決することを目的とする」などとあり，出典によってその定義に違いが見られる．前者は「自然の大切さ」を「学ぶ」段階に留まっているし，後者は「自然保護問題」を「解決する」という行動段階に広がっている．

そもそも「自然保護」という言葉にも幅がありそうである．自然保護教育の研究・実践者であった金田平（1929～2007）は「自然保護」の概念を三つの英語で紹介している．すなわち ① Protection（大切に守り保護する），② Preservation（手をつけずに保護する），③ Conservation（管理しながら保護する）(*16)．また，阿部治も自然保護を意味する言葉として，① 手をつけることなくありのままに保護する厳正自然保護 (preservation)：立ち入り禁止の世界自然遺産地域など，② 害を与えるものを排除し特定の対象物を保護する保存 (protection)：特別天然記念物など，③ 持続的に利用しながら保護する保全 (conservation)：生物多様性国家戦略などで示されている自然保護などがある，としている (*17)．

金田は同じ文献 (*18) で「国際自然保護連合」の英語表記が1956年にIUPN (International Union for Protection of Nature) からIUCN (International Union for Conservation of Nature and Natural Resources) へと変更されたことを紹介し，また，1959年の学術会議の「自然保護に関するシンポジウム」の状況からも判断して，自然保護教育をコンサベーション教育と解釈してよいであろうと述べている．沼田眞は"このP（プロテクション）からC（コンサベーション）への変更は，自然保護の概念についてのきわめて重大な提案であった"とし，この変更によって"人間とのかかわりにおける自然および自然資源を賢明に合理的に利用すること"を可能にさせたが，安易に「賢明な利用」をもち出すことには釘を刺している (*19)．そもそも「賢明な利用」とは何か，それぞれの価値観，立場の違いによって多様な解釈が可能になる．それをどう調整するか，そのプロセスなど課題は多い．

さて，自然保護思想史という立場では①や②の状況，たとえば生態学者で天然記念物に関する法律作成に尽力した三好学（1862～1939，東京大学，生態学者）や自然保護から神社合祀反対運動を展開した南方熊楠（1867～1941）

などを紹介すべきであるが，ここでは金田の言葉にもあるように大方の自然保護教育関係者が賛成している③という立場で話を進めよう．

長年，自然保護教育の研究・実践を行ってきている小川潔によれば「自然保護教育」という概念は「三浦半島自然保護の会」を組織し，活動してきた金田や彼の友人柴田敏隆（横須賀市の博物館員，当時）らによる生態学的見方の普及を中心とした活動が自然保護の基礎になるという位置づけから生み出されたものであるという（*20）．

小川は共同研究者伊東静一とともに日本の自然保護教育の源流について考察を進めているが，その一つに「自然保護教育」という概念が生まれるもとになった金田らの活動を位置づけている．また他の源流としては中西悟堂（1895〜1984）と日本野鳥の会の活動，そして生態学者で日本生物教育学会の創設者下泉重吉（1901〜1975）らの活動を挙げている（*21）．それぞれの理由として，中西は現在国内最大の自然愛護団体である日本野鳥の会の創設者であり，以来，野鳥の保護や生息地の保全などのしくみづくり，研究者でない自然愛好者が自然保護にかかわる場づくりに努めたり，仏教的世界観を背景に自然保護教育を支える文化的基盤と方法づくりに貢献したりしたこと，また，下泉重吉は伝統的生物教育における生態学重視への革新の流れを生み出し，青柳昌広など自然保護教育に活躍する人材を育てたことなどを挙げている．

ところで，電源開発に反対して設立された尾瀬保存期成同盟（1949 年）を前身にして 1951 年に生まれた日本の自然保護関係団体の代表的存在である日本自然保護協会（The Nature Conservation Society of Japan）は当時，経済成長のもと急速に進む自然破壊を危惧し，人々に自然保護の意識をもってもらうことの必要性を感じ，1957 年に「自然保護教育に関する陳情書」を，1960 年には「高等学校教育課程の自然保護教育に関する陳情書」を文部省や国会に提出した．また，筆者も所属していた日本生物教育学会（下泉が会長）からも 1971 年に「自然保護教育に関する要望書」が文部省に出された．しかし，いずれの要望に関しても文部省などは動くことはなく，「自然保護科」などという教科の創設は実現を見なかった．

その後も自然保護教育はもっぱら民間の活動にゆだねられてきた．これに関し，降旗信一は"戦後日本の教育政策において「自然保護」は経済成長に

逆行するものとみられ，その重要性は認められなかった"と指摘している（*22）．この点では学校教育の中に取り入れられた公害教育の場合とは異なる．この両者に対する文部省の対応の違いをどう考えるか．ここにも教育の動向とその時代の社会（経済・政治）状況の関係を見ることができる．ただ，上のような自然保護教育導入の要望運動が影響して日本学術会議の中に自然保護研究連絡委員会が組織され，研究者の世界で自然保護ばかりでなく，自然保護教育にも関心がもたれるようになったし，大学レベルで1973年に東京農工大学に自然保護学科の設置を見るなど一定の効果が見られた（*23）．

では，自然保護教育が環境教育の一つの「源流」といわれるのはどうしてか．それは本章〈2.2〉で取り上げる環境教育を検討することで理解されるであろうが，自然保護教育が対象としている自然的事象がまさに人間環境の重要で基礎的な部分であるからである．これまで行われてきた自然保護教育の学習内容，学習方法はそのまま環境教育のそれに生かされるものなのである．

（2）「公害教育」というもの

次に日本の環境教育のもう一つの源流といわれる「公害教育」について検討してみよう．「公害」といえば水俣病や四日市ぜんそく，あるいはイタイイタイ病など，いわゆる四大公害をはじめ，高度経済成長のひずみとして生じた大気汚染，水質汚濁，土壌汚染などさまざまな環境問題が思い浮かぶ．歴史を遡ると「公害の原点」ともいわれる「足尾銅山の鉱毒事件」，その解決に尽力した田中正造（1841〜1913）についての記憶も甦る．

ところで，この「公害」という言葉の由来は明確でなさそうである．一つの説としてイギリスを中心とした法律「英米法」にある「パブリック・ニューサンス」（public nuisance）の訳語「公的生活妨害」の略語とするものがあるが，早くから公害問題にかかわってきた宮本憲一はそのことを紹介しながらも，1999年に出版された『事典』（*24）では"現在のところ，まだよくわかっていない"と述べている．なお，宮本はその解説で「公害」という言葉自体は明治10年代の大阪府令などで「公益」の反対概念として使われたし，"足尾鉱毒事件や四阪島煙害事件など社会問題が深刻化するに伴って，このような問題を特定化して，対策をたてる必要上，大正のはじめには，大気汚染，水質汚濁，騒音，悪臭，振動，地盤沈下，土壌汚染などの公衆衛生上の害悪

を総称して公害とよぶようになった"とも述べている．では，この場合は「公衆衛生上の害」の略語だったのだろうか．

いずれにせよ，「公害」という言葉は1950年代から1960年代においてマス・メディアを通じて短期間に日常化し，法律用語としても定着したのだが，社会学者の立場から公害問題，広く環境問題に取り組んだ飯島伸子（1938～2001）は，「公害」の語源にも言及しながら，主として私企業が原因で発生する被害を，誤解されやすい〈公害〉という言葉で表現することに批判的であった（*25）．筆者も「公害」の「公」に違和感を抱いてきていたが，すでに定着している言葉として受け入れている．

さて，「公害」という言葉の由来はこの程度にして公害教育に話を移そう．実はこの言葉も検討する必要がありそうである．公害教育についての解説などを関連図書や事典，あるいはインターネットなどで調べたとき，その中で「公害教育とは……である」というように公害教育を明確に定義しているものに出会うことが少ない．先の「公害」の語源の際に調査した『事典』（*26）では"公害教育は，公害の原因・実態・対策に関する関心と理解を形成する教育"（佐藤学）とある．また，EICネットの環境用語集の「公害教育」では"環境権と教育権を統一して把握する立場の教育と見なされる"（*27）とあり，あとは解説的内容である．また，環境教育の研究者高橋正弘は"公害教育は激甚であった日本の公害を反映し，日本独自の教育として成立した"とか"公害教育は，子どもの生存権保障の立場に立ち，環境破壊から子どもを守り，地域を守ろうとする教育として進められてきた"（*28）など公害教育の特徴を捉えて表現はしているが，定義として受け取れる文言ではない．同じく環境教育の研究者関上哲は"公害教育は，歴史的事実として実践された教育である"と前置きし，子どもの健康増進，公害の科学的実態把握，人権などの教育，さらに地域住民の環境認識，地域の伝統的思想などを含めた地域の総合的な環境教育であると述べている（*29）．この指摘は「公害教育」を抽象論的，一般論的なものに閉じ込めないためにも重要なことである．

では，実際に公害教育といわれるものはどのように展開されてきているのだろうか．関上哲は日本の公害教育の歴史を4つの時期に分けた藤岡貞彦の説を引用し，それぞれに対応する出来事を年表で示している（*30）．4つの時期とは第1期（1963～1970年），第2期（1971～1980年ごろ），第3期（1986

〜1995年ごろ），第4期（1997〜2003年）．このうち，環境教育の先駆的活動としての公害教育を取り扱う本項では第1期と第2期が対応する．この年表では「1963年，四日市市の塩浜小学校『公害から児童の健康をどう守るか』の取り組み開始」とある．地理教育の立場から早くに公害教育に関心をもって活動をしてきた福島達夫も，1963年ごろ日本の公害教育が四日市の石油コンビナートなど公害の激甚な地域の学校において，子どもたちを公害からどう守るかという教師たちの自主的な活動から始まったと位置づけ，それらの様子を詳細に記述している（*31）．まさに先に高橋が指摘した「子どもの生存権保障」という立場からのスタートであった．

そのことは1964年に発足した「東京都小中学校公害対策研究会」の名称にも表れている．この会は1967年，国会で「公害対策基本法」が成立した年に全国組織に拡大している．福島によれば，この組織は東京や川崎，横浜，四日市，大阪，市原，北九州，釜石の「公害重症校」の校長らが委員となったもので，文部省や教育委員会の指導，助言を受ける研究会なので「民官教育研究団体」ともいわれたという．

この「官」に関連させると，四日市の教育研究所が1964年に「公害対策教育」の研究に乗り出し，地元の教員たちの努力のもと3年間の研究成果をまとめた報告書『公害に関する学習』を作成した．福島はこの冊子が日本で最初の官許の公害教育指針であったが，市長の「偏向教育」発言で内容は大幅に後退し，公害対策教育は許容されても，公害そのものに触れる教育は拒否される状況になったとも述べている．

当時の高度経済成長政策の中で，企業批判に結びつきやすい公害教育への「偏向教育」のレッテル貼りは強いものであった．そのためか公害教育の広がりは十分でなかった．そうした中でも地元教師による子どもたちの命を守ると同時に地域を改善しようという活動が，熊本や三島などで見られていた．

1970年になると公害教育も新たな位置づけを与えられた．この年，国会では公害問題が集中的に取り上げられた．小学校社会科の教科書に公害の発生源である企業に好意的な記述があることが問題となり，公害の防止が人々の健康や生活環境を守るのに大切であるという記述が学習指導要領に加えられることになった．社会科という既存の教科の中とはいえ，ここにおいて公害教育が公的に認められ，実施されることになったのである．

しかし，1970年代後半になると，「公害」自体の状況の変化（いわゆる「企業型公害」に加えて「生活型公害」の発生）によって，「公害」は広く「環境問題」という概念に取り込まれ，それに伴って「公害教育」も「環境教育」に含まれて扱われるようになる．ちなみに「全国小中学校公害対策研究会」は，1975年に「全国小中学校環境教育研究会」に名称変更している．当時，筆者が環境関連の講演会の講師を依頼されたとき，「公害教育」と「環境教育」の違いについて質問を受けたことがある．人によっては「公害隠し」ではないかという言葉を使うことがあった．もちろん，筆者は「企業型公害」の状況をしっかり認識した上で文明論の視点で環境教育を考えることの必要性を論じた(*32)．

では，公害教育が自然保護教育とともに日本の環境教育の源流の一つであるといわれるのはどうしてか．いうまでもなく，公害問題は環境教育が取り上げる環境問題の大きな部分であり，公害教育で培った学習内容や方法などで密接なつながりをもっているからである．

2.2 環境教育の成立とその目的・目標

前節〈2.1〉で科学文明の登場に伴う教育の変化を概観してみた．そこでは科学文明を歓迎する立場から科学教育や技術教育の広がりが見られた反面，環境破壊など科学文明の負の部分への対処としての教育，欧米では「Nature Study」（以下「自然学習」），「Conservation Education」（以下「保全教育」）など，また日本では「公害教育」や「自然保護教育」などが生まれた．しかし，まだ本書の主題である「環境教育」はほとんど扱っていない．そこで〈2.2〉では「環境教育」と呼ばれている教育がどのような経緯で生まれたのか，また，そもそも「環境教育」とはいかなる教育なのかなどを検討してみよう．

2.2.1 環境教育成立の過程

まず，環境教育がどのような経緯で誕生したかについて概観しよう．

2.2 環境教育の成立とその目的・目標

（1）「Environmental Education」の造語者？

環境教育の歴史を研究しているディシンガー（J. F. Disinger）の論文（＊33）を読むと，「Environmental Education」という言葉がはじめて登場したのは，1948年パリで開かれた国際自然保護連合（IUCN）の設立総会で，トマス・プリチャード（T. Pritchard, ウエルズ自然保全協会副代表）が自然科学と社会科学を総合した教育の必要性を論じ，その教育に対して用いたときのようである．また，同じ論文には1957年にブレンナン（M. J. Brennan）という人がマサチューセッツ・オーデュボン協会誌に「保全教育（Conservation Education）」の同義語として用いたことなど，この言葉の造語者を巡っていくつかの議論のあることが紹介されている．

市川智史はプリチャードのことを紹介するとともに，1970年のニクソン大統領公害教書の第12章に「環境教育」が使われていることを述べている（＊34）．この年10月にアメリカでは「Environmental Education Act」（「環境教育法」）という法律ができ，ニクソンが署名していることから，このころアメリカでは「Environmental Education」という言葉が定着しつつあったのであろう．そこで，「Environmental Education」がどのような意味で用いられていたかを当時の「環境教育」の定義となった二つの文言で調べてみた．

（2）「環境教育」（1970年）の二つの定義——「環境教育法」とIUCNの場合

世界で最初の環境教育に関する法律といわれるアメリカの「Environmental Education Act」（環境教育法，1970年成立，10年間の時限立法）では環境教育は「人間を取り巻く自然および人為的環境と人間との関係を取り上げ，その中で人口，汚染，資源の配分と枯渇，自然保護，運輸，技術，都市と田舎の開発計画が人間環境に対してどのように関わりあいをもつかを理解させる過程である」（＊35，訳文は引用文献による）と定義されている．

また，はじめて「Environmental Education」という言葉が総会で使われたというIUCNの教育委員会が同じ1970年に環境教育の定義を行い，それがそのままアメリカ環境教育協会（NAEE）の環境教育の定義として認められたという（＊36）．ここでの定義は「環境教育とは，人の文化，そしてそれを取り巻く生物と無生物とからできている環境との相互関係について理解し，そ

の真価を認めるのに必要な技能と態度を発達させるために，価値を認識し，概念を明確化する過程である．環境教育は，それとともに，環境の質に関する問題についての意思決定や行動基準について，自己を明確化する訓練を必然的に伴うもの」(訳文は引用文献による) となっている．

この二つの定義を比べたとき，両者で共通していることは環境教育が「人間と環境」の「かかわり」を取り上げ，人間活動が人間環境にどのような影響を与えるか，またその逆はどうかなどを考えさせる教育であるという点である．ただ，前者では「かかわりを理解させる」という段階に留めているのに対して，後者では「環境問題などへの意思決定能力」などを身につけることまで求めている点では違いがある．

（3）国連人間環境会議と環境教育

では，環境教育が国際的な共通認識を獲得したのはいつであり，その中味はどのようなものだったのだろうか．そのきっかけとなったのが 1972 年 6 月，スウェーデンの首都ストックホルムで開かれた国連人間環境会議 (114 カ国，約 1300 人，日本からも政府関係者のほか，水俣病患者を含め多くの民間人が参加) である．世界各地で自然破壊，環境汚染，資源の枯渇などが顕現化し，国際的な対応が求められていたのである．

この会議では，日本における環境教育の先駆者の一人中山和彦が"「世界人権宣言」(1948) にも匹敵する，国連の歴史的宣言である"(*37) と高く評価した「人間環境宣言」なるものが出された．「前文」(7 項目) と原則 (26 項目) から構成され，その前文では「人間は，いまや，科学技術の加速度的な発展により，自らの環境を，無数の方法と前例のないほどの規模で，変化させる力を獲得する段階に達した」と指摘し，筆者が本書の視座とする科学文明の現状の一端を紹介し，「今後ますます質量ともに増大するであろう」環境問題の解決のためにその力をどのように使うかと問いかけ，そのためには「国家間の広範囲な協力と国際機関による行動が必要」であり，「国連人間環境会議は，各国政府と国民に対し，人類とその子孫のために，人間環境の保全と改善をめざして共通の努力を傾けるよう，要請する」と結んでいる．

前文を受けた「原則」の 19 番目の項目「教育の必要性」には「若い世代および成人——恵まれない人々に妥当な配慮をはらいつつ——のための環境

2.2 環境教育の成立とその目的・目標　71

問題についての教育は，人間環境を保護し，改善する上において，世論を啓発し，個人，企業および地域社会が責任ある行動をとるための基盤を広げるために必要不可欠である．また，マス・コミュニケーションのメディアが，環境の悪化に手を貸すことを避けるだけでなく，逆に，人間があらゆる面で発展できるよう環境を保護し改善する必要があることについて，教育的性質の情報を普及させることも，必要不可欠である」(*38,「人間環境宣言」に関する訳文はすべて引用文献より) と記され，環境に関する教育の重要性が指摘された．ただし，「環境教育」という言葉は使われていない．

(4) ベオグラードでの専門家会議とトビリシでの政府間会議

国連は「人間環境宣言」に基づき，環境に関する教育の国際的な基準づくりの検討をユネスコと国連環境計画 (UNEP) の合同チーム (国際環境教育計画〈International Environmental Education Programme; IEEP〉) に依頼した．1975年，旧ユーゴスラビアの首都ベオグラードに環境教育の専門家が集まり，環境教育の目的・目標などを検討，その結果，まとめられたのが「ベオグラード憲章」と呼ばれるものである．この会議は2年後，1977年にグルジア共和国の首都トビリシで開かれた国連の環境教育政府間会議の準備のためのものであった．

トビリシ会議では，「ベオグラード憲章」を基礎にして「トビリシ宣言」と「トビリシ勧告」と呼ばれる二つの報告が出されている．この会議に出席した中山は，資源問題に絡んだ南北対立などが心配されたが，全会一致で勧告や宣言が採択されたこと，またストックホルム会議のころは汚染対策をはじめ科学技術的なものが中心となって議論されていたが，トビリシ会議においては人文や社会科学の分野も注目されるようになり，環境倫理の確立の必要性が表明されたことなど，この会議の意義を印象深く語っている (*39)．なお，トビリシ会議の10年後 (1987年)，モスクワで第2回の環境教育政府間会議がもたれ，IEEPの活動を中心に教材開発，学習方法，教員養成などについて検討されている (*40)．

ベオグラード憲章とトビリシ勧告では以下のような環境教育の目的・目標が示されている．筆者はそれらが決められたプロセスや内容から見て，当時の国際的に共有された環境教育のイメージであり，この時点が環境教育の成

立時であったと考える．1980年代末から1990年代はじめにかけて日本でも環境庁や文部省が環境教育の定義や目的などを作成しているが，主としてベオグラード憲章に準じたものになっている．

二つの会議で提案された環境教育の目的・目標

① 目的

「ベオグラード憲章」では「環境やそれにかかわる諸問題に気づき，関心をもつとともに，現在の問題の解決と新しい問題の未然防止に向けて，個人的，集団的に活動する上で必要な知識，技能，態度，意欲，実行力を身につけた人々を世界中で育成すること」(*41, 訳文は引用文献による)とある．いっぽう「トビリシ勧告」では「a. 都市や田舎における経済的・社会的・政治的・生態学的相互依存関係に対する明確な気づきや関心を促進すること．b. すべての人々に，環境の保護と改善に必要な知識，価値観，態度，実行力，技能を獲得する機会を与えること．c. 個人，集団，社会全体の環境に対する新しい行動パターンを創出すること」(*42, 訳文は引用文献による)として前者よりかなり詳しいものになっている．

しかし，いずれにおいても環境教育は自分たち人間とそれを取り巻く環境との「かかわり」に目を向け，環境問題を生じさせない，生じたときにはそれを解決する「力」をもった人々を育てる(あるいは自ら育つ)ことを目的にしていることが知られる．このことは先に紹介したアメリカの「環境教育法」やIUCNの定義での「人間と環境」の「かかわり」と同じことでもある．実はこれらの定義や目的の文には直接表現されていないが，筆者が環境教育の定義で使う「ライフスタイル」(文明)は「人間と環境」の「かかわり」において生まれたものである．どのような「かかわり方」をするかによって「ライフスタイル」(大きくは文明)が異なってきているのである．

ここで再確認しておきたいことはその「かかわる」相手である「環境」というものの範囲である．トビリシ勧告では「経済的・社会的・政治的・生態学的相互依存関係」という表現があるが，ここに示されている「経済」も「社会」も「政治」も，すべて私たちの「環境」に含まれることは第1章での「環境」の説明から理解していただけるであろう．そうした環境がいろいろ組み合わされて全体としてのライフスタイル(文明)が構築されているのである．

したがって，自らのライフスタイルを見直す場合，「経済・政治を含めた社会システム」などの人為的環境の見直しが重要である．

② 目標

次に上に示した「目的」を達成させるための「学習目標」として，ベオグラード憲章では「目的」文にある言葉などからの6項目 ① 関心（気づき），② 知識，③ 態度，④ 技能，⑤ 評価能力，⑥ 参加（関与），を目標として掲げ，それぞれに説明を付している．そのうち「個人や社会集団を援助して，環境施策や教育計画を，生態学的・政治的・経済的・社会的・美的・教育的側面から評価させること」という説明がつけられていた「⑤評価能力」がトビリシ勧告では削除され，その内容が他の目標に含まれる形になり，5目標になった．最後の「参加（関与）」に関しては，ベオグラード憲章では「個人や社会集団を援助して，環境問題の解決にかかわる適切な活動の実践のために，環境問題に対する責任感や緊急を要するという意識を発展させること」となっていたものが，トビリシ勧告の説明では「社会集団や個人を援助して，環境問題の解決に向けたあらゆるレベルでの活動に，積極的に関与する機会を与える」(*43，訳文は引用文献による) となっていて，ベオグラード憲章のものより「行動」への促しが強いものになっている．確かに「知識」を身につけただけでは環境問題などの解決にはつながらない．「行動」があってはじめて解決できる．その意味では「実行力」の育成は大切なことである．

以上，ベオグラード憲章，トビリシ勧告で示された環境教育の目的・目標を紹介した．大まかには自分たちの環境や環境問題について「気づく」「知る」「行動する」という目標段階を通して，環境・環境問題に関する自分なりの価値観，意思決定能力を身につけるというものであった．

2.2.2 環境教育概念の変化

環境教育が成立してからほぼ20年，環境教育の概念に「ある」変化が生じた．そのきっかけになったのが以下に紹介する「地球サミット」であり，具体的に示されたのが「テサロニキ宣言」である．

（1）「環境と開発に関する国連会議」（地球サミット）と環境教育

その「地球サミット」とは，1992年にブラジルのリオ・デ・ジャネイロで開かれた「環境と開発に関する国連会議」のことである．タイトルからわかるようにこの会議が目指したものはストックホルム会議で見られた「環境保全」か「経済開発」かの対立からの脱却であった．そのためのキーワードとして登場したのが「持続可能な開発」（Sustainable Development，「持続可能な発展」と訳されることもある）である．

この「持続可能な開発」という概念は，IUCN，UNEP，世界野生生物基金（現在は世界自然保護基金，WWF）の三者が共同で1980年に公にした「世界環境保全戦略」ではじめて提案されたものであるが，より世界的に普及させたのは1987年に出版された「環境と開発に関する世界委員会（WCED，委員長の名をとってブルントラント委員会ともいう）」の報告書『我ら共有の未来（Our Common Future）』である（＊44）．この報告書は12の章からなり，その第2章で「持続的な開発」の意味を次のように述べている．すなわち，"将来の世代の欲求を充たしつつ，現在の世代の欲求も満足させるような開発"（訳文は引用文献による）であると．

リオの地球サミットでは，この「持続可能な開発」をどう実現させていくのかが中心的な課題となった．180余りの国から元首級が集まり，同時に非政府組織（NGO）も市民レベルで会合をもつなど環境に関する会議としては大規模なものであった．阿部によれば"地球サミットに対する期待は大きかったが，保全を全面的に打ち出した欧州共同体（EC）を中心とする北側と開発の権利を強く主張した南側との対立，さらには自国の経済成長にのみ固執したアメリカの妨害などにより，「気候変動枠組み条約」などが不十分な形で締結されるなど，十分な成果をあげたとは言いきれない"と述べている（＊45）．

いずれにせよ，会議では「リオ・デ・ジャネイロ宣言」なるものが発表され，「持続可能な開発」のための具体的な行動計画「アジェンダ21」（40章よりなる）が作成された．その第36章「教育，意識啓発，研修の推進」では持続可能な開発に対応した教育の再編，具体的な活動などが示された．

（2）テサロニキ宣言

それから5年後（1997年），「アジェンダ21」の第36章で求められた活動

の一つとしてギリシャのテサロニキで「環境と社会に関する国際会議——持続可能性のための教育とパブリック・アウェアネス」という国際会議が開かれた．83 カ国から政府機関，国際政府機関，NGO，市民社会の関係者が集まり，これまでの環境教育関連の国際的状況を振り返り，問題点，改善点などを話し合った．その結果，出されたのが「テサロニキ宣言」である．

その中で注目されたのが"環境教育は……アジェンダ 21 や他の主要な国連会議で議論されるようなグローバルな問題を幅広く取り上げてきており，持続可能性のための教育としても扱われ続けてきた．このことから，環境教育を「環境と持続可能性のための教育」と表現してもかまわないといえる"（*46，訳文は引用文献より）という文言である．

これは，環境教育がいろいろな教育の一つというのでなく，21 世紀における「持続可能な社会，循環型社会」を実現させるための中核をなす教育として位置づけられたということであり，筆者が環境教育に与えていた"文明問い直しの教育であり，二一世紀へむけての新しい教育そのもの"（*47）というイメージに符合する．また，市川もテサロニキ宣言以前に"環境教育の目的は……人間と環境を軸とした様々なかかわり合いという視点から地球的視野に立って環境にかかわる諸問題をとらえ，エコロジカルなライフスタイルを実践することができ，地域，国，国際レベルでの環境保全活動や『環境』と『開発』にかかわる意思決定過程に参加することのできる人間の育成にある"（*48）というように筆者の「文明問い直し」よりもさらに具体的に指摘していた．国の内外において環境教育の概念拡大の動きが見られていたのである．

なお，「環境教育」から「持続可能性のための教育」へという概念変更が「なぜとくにテサロニキ宣言で取り上げられているのか」ということに関連して，長らく環境教育の研究・実践に携わっている井上有一は，最近の著作（*49）で"「自然」にかかわる問題ばかりに目が向いてしまい，「社会」にかかわる問題認識が十分なものにならないことを危惧してのことである．……環境問題は，その本質からして社会的な性格をもつものであり，社会性抜きに扱っても意味をなさないからである"と説明している．社会性抜きの環境教育への批判はすでに丸山博によっても提出されていた（*50）．

(3)「持続可能な開発に関する世界首脳会議」(ヨハネスブルグ・サミット) と環境教育

2002年,南アフリカ共和国の首都ヨハネスブルグで世界191カ国から首脳104名,政府関係者9101名,NGO関係者8227名,プレス4012名など2万3000人以上が集まり,リオの地球サミットから10年間における国際的な環境問題の再確認と解決に向けての方策などが議論された.その結果出された「ヨハネスブルグ宣言」では,「人類が直面する課題」「持続可能な開発への我々の公約」などに関連する37の文言が示された.その中で筆者が注目したのが6番目の"人類発祥の地であるこの大陸から,我々は,互いに対する,より大きな生命共同体と我々の子どもたちに対する責任を実施計画とこの宣言を通じて宣言する"と最後の"人類のゆりかごであるアフリカ大陸から,我々は世界の諸国民と地球を確実に受け継ぐ世代に対し,持続可能な開発の実現のための我々の結束した希望が実現することを確保する決意であることを厳粛に誓う"(*51)という文言であった.ストックホルムでの人間環境会議,リオの地球サミットを経て開かれたこの会議に筆者が期待したことの一つは,「南北問題」の是正を一歩でも前進させることであった.

ヨハネスブルグ会議では,当然教育の問題も「持続可能な開発」につながる人づくりという視点で取り上げられた.日本からはそのための教育を2005年から2014年までの10年間,各国が協力して実施しようという,いわゆる「持続可能な開発のための教育の10年」(Decade of Education for Sustainable Development; DESD) の提案がなされた.この提案の実現には日本のNPOを中心とするグループによる日本政府への働きかけが大きな役割を果たしていた.筆者も国内での準備段階の会合に何回か参加した.DESDの提案はその年の国連総会で採択され,現在,各国で実施されている.

なお,「持続可能な開発のための教育」(ESD) は環境教育に限定されるものでなく,開発教育,国際理解教育,人権教育などさまざまな教育がかかわりあうとされており,実際にそうした内容の活動も行われている.第3章で言及するように,これらの教育も大きく見ると人間の環境にかかわる事柄を取り上げている教育と考えることができ,その意味で環境教育がESDの中核をなす教育であることが再認識される (*52).

2.3 環境教育学（環境教育に関する研究）

〈2.2〉では，環境教育なるものが国際的に認知されるようになった経緯，また，そのときの環境教育の目的や目標などについて，さらにテサロニキ会議や最近における ESD とのかかわりで環境教育の概念が拡大されたことなどを取り上げ，筆者なりの考えを簡単に紹介した．そこから見えてくることは，「環境」時代における環境教育の意義やあり方などについてのさらなる研究の必要性である．「環境教育に関する研究」については，すでに序章で「『環境教育学』構築に向けて」と題して関連する議論や動向の一端を紹介した．ここでは，それらを踏まえて，「環境教育に関する研究」を一つの学問分野として位置づけ，それに「環境教育学」という名称を与え，以下の論を進めることにする．

なお，「環境教育」「環境教育学」およびそれらに関連する諸学問間の位置づけをまとめたのが図5である．ともすると「教育実践」と「学問研究」を上下関係で捉える傾向にあるが，図の矢印が示すようにこれらは双方向でのかかわりをもつことを筆者は期待する．「環境教育」の実践を通して得られる「知」（実践知）を参考に各学問のあり方などを検討することが，「共育」ということを大切にする環境教育にとって重要であると考えるからである．

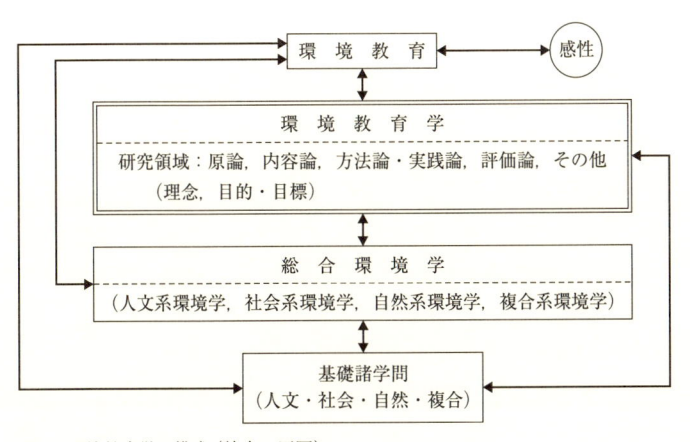

図5 環境教育学の構成（鈴木，原図）

2.3.1 環境教育学の研究領域と研究方法

　一般に教育学（教育に関する研究）といえば，主要なものとして「原論」「内容論」「方法論・実践論」などが思い浮かぶ．「原論」はその教育の理念，目的・目標，歴史などを，「内容論」は理念や目的・目標を達成させるために必要な学習内容，カリキュラムなどを，「方法論・実践論」は学習や実践の進め方をそれぞれ検討する研究領域である．このほか，教育効果を見るための「評価論」，あるいは教育を実施する上での諸状況（教育制度，指導者養成など）を検討する「教育環境論（とでも呼ぶことができる）」などの研究領域も考えられる．また，これらの領域はお互いにかかわりあうものなので，一つの研究でいくつかの領域を関連づけて行うこともある．

　では環境教育学（環境教育に関する研究）の場合はどうであろうか．いうまでもなく，環境教育学にとっても上に示した諸領域の研究は必要不可欠なものであり，これまでにそれぞれの領域についての研究が行われてきている．しかし，共通の認識に至った事柄もあれば，いろいろ議論されている事柄もある．そこで以下に主要な領域である「原論」「内容論」「方法論・実践論」について検討してみよう．

（1）「原論」領域

　上にも述べたように，この領域においては環境教育の理念，目的・目標，歴史などに関する研究が考えられる．

「理念」研究

　そのうち，「理念」は環境教育のあり方についての中心的考えを示すものであり，それに基づいてこの教育の「目的」「目標」が設定され，それらを達成させる上で必要な学習内容や学習方法などが準備されるという重要な立場にあるものである．その意味から自らの「理念」論の構築を目指す研究の場合でも，また，既存の「理念」を検討する研究においても環境思想，環境哲学，環境倫理学，環境経済学，環境社会学，環境心理学，科学史・技術史，文明史・文明論，そして何より大切な人間論，教育論などによって得られている知見を十分活用することが望まれる．

ところで，既存の「理念」を検討する場合，その資料としては国際的には「ベオグラード憲章」「トビリシ勧告・宣言」「テサロニキ宣言」などを経て「ヨハネスブルグ宣言」に至るもの，また国外でもアメリカの「環境教育法」のように国独自のもの，国内では「環境庁環境教育懇談会報告」や文部省（当時）の「環境教育指導資料」，最近では「環境教育推進法」（略称），その改正版である「環境教育等促進法」（略称）など公的で直接環境教育にかかわるものの他に，環境教育の研究者たちの言明などが候補として挙げられる．また，ストックホルムでの「人間環境宣言」，リオの「地球サミット」で出された「リオ宣言」，あるいは「環境と開発に関する世界委員会」の報告書『地球の未来を守るために』など，国内でいえば「環境基本法」「教育基本法」など環境教育のバックグラウンドとして重要な役割をもつものも含めて検討する必要があろう．

　これらの資料を見ると「理念」という項目を設けて，それがわかるように示されているものは少なく，「前文」や「定義」「目的」などに反映されているものが多い．そうした中で上に紹介した「環境教育推進法・（改正後）環境教育等促進法」では第3条が「基本理念」となっている．ただ，環境保全活動と環境教育を組み合わせた法律という性格上，「基本理念」として3つの項目を設け，自然の恵みの活用のあり方，学習における主体性や体験活動の重視，文化や歴史の継承の大切さなどが並列的に示されていて，環境教育の「理念」がわかりにくいという印象をもつ．

　こうした複数並列的な形の「理念」の示し方について，倫理学者の金井肇は「教育基本法」改正に関連した著作（*53）で"中教審から出された「答申」を見ると，重要な事項が提起されてはいるが，羅列的に列挙されているだけで教育の基本となる理念がはっきりしていない．……基本理念であれば……その下に教育が全体像として構造的につくられるものでなくてはならない"と述べ，「一つの理念に基づく教育全体の構想」の大切さを主張していた．「理念」という言葉を字義（ある事柄についての根本的考え方）どおりに解釈すれば当然のことであるが，法律作成過程でさまざまな意見を調整した結果なのであろう．

　環境教育を倫理学や哲学などの立場から研究していた谷口文章（1946〜2013）は，環境教育と環境倫理の関係を論じた文（*54）で，環境倫理の役割

は"多様な並列的諸価値を一段上の次元で統合し，共通の目標と規範的枠組みを提供することである"と指摘しているが，教育基本法に関連して金井が述べたことに通じる事柄であり，環境教育の「理念」づくりにおいても重要なプロセスである．

筆者は序章の段階から「環境教育は人々が自らのライフスタイル（文明）のあり方を問い直すための教育である」とか，本章のはじめで「……より望ましいライフスタイル（文明）を探し求める共同の学習」などと述べてきているが，これらもある意味で環境教育の「理念」になるものである．しかし，問い直す視点など明確にしておく必要もある．その視点の一つとして環境教育の活動にかかわる以前（1978年）に提案したのが「生態学的倫理」である．これは生態学が教える"人間も生物の一員として他の生物とともに，さまざまなレベルの生態系を作りあげており，その生態系の安定と調和の中でのみ，生きていけるのだということ"(＊55)を自分たちの行動規範にするというものであった．

この「生態学的倫理」を英語に直すと「ecological ethics」となるが，筆者の知る範囲では，この英語が使われるようになったのは1990年末のようである．たとえば，ドイツの仏教哲学者シュミットハウゼン（L. Schmithausen, 1939〜）は"人間には生態系と生物多様性を損なわないという意味での自然保護（preservation）に責任があるという信念に基づいた倫理"としてこの言葉を用いている(＊56)．2000年代になると，「ecological ethics」が生態学者や生物多様性管理者にとって倫理観を構築する上で役立つことを示すエッセイ(＊57)やこの言葉をタイトルにした著書も出版されるようになり(＊58)，広がりを見せている．

「目的・目標」研究

環境教育の目的・目標などについては早くから欧米やオーストラリアなどで研究が進められてきているし，日本でも筆者が所属している日本環境教育学会会員などによる研究が見られている．その一つが丸山の環境教育の目的論に関する研究である(＊59)．彼によれば，1980年代後半から1990年代にかけて，何人かの研究者などによって提唱された環境教育の目的では個人レベルでの価値観・態度の育成に矮小化されており，環境問題の解決につなが

らない．トビリシ勧告が示唆した社会・経済システムの改善を見通した環境教育の目的を立てる必要がある．環境教育の目的は環境問題の解決のための社会変革を担う主体形成の基礎の確立であると．

確かに丸山の指摘するように，個人の価値観・倫理観に期待しているだけでは社会的な環境問題の解決にはならない．筆者も同じような批判を講演会のときにいただいたことがある．その際，その個人のレベルを集団のレベルに育てることに環境教育のさらなる役割があるのではないかと答えたことがある．問題は個人から集団へのレベル・アップのプロセスである．さまざまな価値観・倫理観を多くの人が納得する形のものにまとめあげていく必要がある．とりわけ環境問題の根源といわれている社会・経済システムをどう変革していくかの議論では，価値観・倫理観などのぶつかりあいが起こるであろう．公教育での環境教育ではさらに難しいところであった．今では「持続可能な社会」「循環型社会」など多くの人が認めている「物指し」があるので，学習しやすくなっているかもしれない．それでも「物指し」となっている「社会」が具体的にどのようなものであるか明確でないなど課題がある．

もう一つ「目的・目標」研究の例としてオーストラリアの環境教育研究者ジョン・フィエン (J. Fien) の環境教育論を紹介しておこう．フィエンはオーストラリアの環境教育学会長を務めた人で，ちょうど丸山が上記の論文を公にした 1993 年に『環境のための教育—批判的カリキュラム理論と環境教育』(∗60) という著作を発表した．この中には，それまでのベオグラード憲章，トビリシ勧告，モスクワ会議など，さらにその後の環境教育研究者たちの環境教育論を批判的に検討し，現在の環境問題の根本原因としての社会・経済システムなどへの批判的意識，批判的思考と問題解決技能，社会生態学的持続可能性の価値観に基づく環境倫理，政治リテラシーの知識・技能・価値観，批判的実践など，それぞれの伸長を目標とした新たな環境教育論とそのためのカリキュラム論が展開されている．

この著書の訳者の一人石川聡子は「フィエンの著書を紹介した動機は，何よりもこれを刺激にして，環境教育の現状を直視し，今後のあり方についての議論をさらに活発にしたかった」(∗61) と述べた後，実践にあたって，この教育が求めている教師自身の価値観・倫理観などの明確化が日本の現状でなしうるかどうかなどの課題があることを示していた．

この訳書が出版されて数年後の2005年からDESDの活動が開始され，2014年には終わる．この間，ESDに関しても「原論」的研究や次に取り上げる「内容論」「方法論・実践論」などの研究が見られている．「持続可能な社会の構築」という点に関しては，国際的にも国内的にも共通認識が得られつつある．そこに向かってフィエンの提示した「環境のための批判的教育」をどう活用していくか．一つの「原論」的研究の課題でもある．

（2）「内容論」領域

環境教育で取り扱う学習内容については「原論」を受けて考察されるものであるが，基本的には人間環境にかかわる事象はすべて学習内容としての資格を有している．

筆者は「環境教育は現代の科学文明を問い直す『力』をもつ人材育成である」と考えているので，その立場からすると，その教育内容としては，まず「科学文明とは何か」を理解することができる題材が必要となる．その題材としては科学文明の特徴を構成する「科学的思考」（科学とは何か）と「科学技術」（科学技術とは何か）の理解が可能なものであること．その上で「科学技術」に関しては社会（経済・政治を含む）システムとの関係が理解でき，そのかかわりを批判的に検討できるものが必要になろう．次いで，人間環境の基礎となる「自然的事象」，さらに人間活動によって生み出された科学文明を支えているさまざまな「人為的事象」が学習対象として取り上げられることになる．

しかし，すべてのものを網羅的に取り上げることは物理的にも無理であるし，環境教育の目的・目標の獲得にとっても非効率である．そこから題材の選択ということが行われることになる．このことは一般の教育においても当てはまることであり，学校教育では「素材」研究，「教材」研究が行われ，それぞれの学習目標に適したものが選ばれる．さらに，選ばれた題材を体系づける作業も行われる必要がある．これがカリキュラムとかプログラムなどと呼ばれるものである．環境教育でもこれまでいろいろなカリキュラムやプログラムが開発されてきているが，ESDの中核をなす環境教育のための新たなプログラムなどの開発が期待される．さらに研究では開発されたプログラムの有効性の検証も必要になる．

なお，具体的な学習内容に関しては第3章〈3.2〉で，またプログラム事例としては第5章で取り上げるので参考にしていただこう．

（3）「方法論・実践論」領域

環境教育の学習方法・実践方法については第4章「環境教育の実践」の〈4.3〉「環境教育の学習・実践方法と評価」で具体的に取り上げることにしている．ここでは「方法論・実践論」研究とはどのようなものか，またそこでの課題は何かを簡単に紹介しておこう．

一般に教育活動において学習者が新しい知識や能力などを習得する方法としては，講義・講演・著書・資料などいわゆる「座学」形式のもの，実験・実習・見学などいわゆる「体験」形式のもの，さらにその中間ともいえる「討論」形式などがあり，それらがいろいろな比重をもちながら同じテーマの学習が行われている．環境教育も同様であるが，しばしばいわれることは「体験」形式を重視することの大切さである．特に環境への「感性」の育成には「体験」が必要であるとも(*62)．この「体験」の課題については第4章〈4.3〉でやや詳しく検討する．

2.3.2　環境教育学に関連する諸学問

環境教育の研究を進める上で必要なことは，その基礎ともいえる人間環境に関連するさまざまな学問分野の研究動向，研究成果などを活用することである．すでに第1章でも述べたように，人間環境は自然的事象，人為的事象がさまざまな形で組み合わされたものなので，それを研究する学問も多様である．そうした中で，まずは「環境」という視点をもって研究している分野——その一つの目安は「環境」という言葉を付している学問分野——からの知見を参考にされることである．

そこで「環境」という言葉を付している学問分野にどのようなものがあるかを大学の学部・学科・研究室，講義などの名称，学会・協会・研究会名，著書・雑誌・論文などのタイトルなどから探してみた．「環境」時代を反映させての出来事であろうが，日本学術会議に登録されている「日本学術会議協力学術研究団体」だけでも自然科学系（工・医・農系を含む）で16団体，人

文・社会科学系で6団体，複合・総合科学系で4団体を数え，登録されていないものを含めると70団体以上にのぼる．それぞれがどのような問題意識や理由，経緯などで生み出されたのだろうか．そのことにも関心があるが，ここでは環境教育の今後の展開と関連づけてこれらの分野をいくつかのグループに分け，その中から主なものを取り上げ検討してみる．

（1）自然的環境に関連するグループ

環境教育の研究（原論，内容論，方法論など）を行う上で，まずは人間環境の基礎である自然的事象についての基本的知識，さらに人間を環境主体とした認識の上で研究が行われ，それを通して得られた知識を身につけておく必要がある．ときには「環境」とつけられている分野でも人間とのかかわりを意識しないものもある．たとえば，生物学では他の生物も環境主体になりうるので，それらの生物と環境の関係を研究する場合もある．あるいは「環境」を「空間」という概念と同義語にして「大気圏」などについての事象を人間と関係なく論じているものもある．もちろん，そうした研究成果も基礎的な知識として有益である．以下にこのグループのいくつかの分野を紹介しよう．

環境化学

環境問題として早くから取り上げられたのが大気汚染，水質汚濁，土壌汚染などの原因となったさまざまな化学物質である．そのこともあって一時，化学研究を敬遠する雰囲気も見られたが，いっぽうで「環境」に関心をもつ化学者たちが現れ，日本では1990年に環境化学研究会が設立され，化学物質による「環境問題」の解決に向けた努力がされてきている．2010年にはそれを母体にした日本環境化学会も誕生している．

その環境化学の内容を知る一つとして，『環境化学概論』という名称で書かれた化学系の学生を対象とした教科書（*63）をチェックしてみた．そこでは「環境問題の歴史，環境法，化学汚染物質の挙動と現状，化学汚染物質の計測法，環境とエネルギー，リサイクルと無害化処理」などが扱われており，人間を環境主体として意識していることが知られる．

ところで，これまで合成された化学物質の数は膨大なものであり，それらと人間とのかかわりでまだ十分解明されていないものが多い．たとえば「環

境ホルモン」という名称で有名になった「内分泌攪乱物質」といわれる化学物質の数々を挙げることができる．これに関してのさらなる研究が必要であり，その成果を反映させた環境教育の学習内容の構築が期待される．

環境地質学

環境地質学も環境問題解決，未然防止において期待される研究分野である．『環境地質学入門』(*64) を著した鞠子正は，その「まえがき」で「環境とは地球の環境を意味するのであるからして環境問題を解決するには地質学を基礎とした考え方がどうしても必要であり，とくに最近問題となっている地球温暖化の問題を理解するには，地質時代に遡って長期間に亘る地球の気候・環境変化を知らなければならない．環境地質学の体系確立が可及的速やかになされなければならない由縁である」と述べている．その体系化にあたって地球を一つのシステムとして捉え，地圏の他に大気圏や水圏も含めての物質やエネルギーの動態，またそれらと人間活動の関係などを解明することを目指している．環境地質学は「東日本大震災」という甚大な「環境悪化」をもたらした「地震」とそれに起因した「津波」もその研究範囲に含まれるものである．その意味からも環境教育の学習内容として重要な位置を占める一つとなってきている．

（2）社会（政治・経済を含む）的環境に関連するグループ

自然的環境とともに人間環境のもう一つの重要な要素が人為的環境である．その人為的環境の中でもさまざまな環境問題を生じさせることになったのが社会（政治・経済を含む）的環境であろう．そこで次にこのグループから二つの分野を取り出して検討してみよう．

環境経済学

「環境経済学とは，文字どおりにいえば環境あるいは環境問題を取り扱う経済学であり，人間の経済活動が引き起こす環境問題を研究する学問である」(*65)．この文からもわかるように，現代の環境問題の多くが経済のあり方に起因しているといわれている．環境経済学者の植田和弘は早くから「環境問題の究極には，人間社会による経済のミスマネージメントの問題がある」と

指摘し，環境問題の解決に向けて経済学が中心的に取り組むべきであると主張してきている（＊66）．

この分野の研究者たちによって結成された「環境経済・政策学会」（1995年創立）が発行している『環境経済・政策研究』(2008年創刊，『環境経済・政策学会年報』〈1996年創刊〉より継続)の最近号ではリサイクルなど「持続可能性」と結びつけた経済のしくみのあり方などが研究されており，環境教育の学習内容の検討に有意義な情報が得られるであろう．

環境社会学

環境経済学とともにこのグループで注目されるのが環境社会学である．環境社会学とは「自然環境あるいは人為的に形成された生活環境と人間社会の相互作用とその帰結を，環境問題と環境共存を焦点としながら，社会の側に注目して，解明しようとする社会学の一分野」であり，この分野が取り組もうとする基本的問題群として環境問題の加害論・原因論，環境問題による被害論，環境問題の解決論などがあるという（＊67）．

日本では1950年代に公害問題や自然破壊の問題に取り組み，環境社会学の先駆的研究ともいえる活動が見られていたが，環境社会学という立場ではこの分野の代表的研究者飯島伸子を中心に1990年に活動が開始された研究会を母体にその2年後に学会が設立され，機関誌『環境社会学研究』（1995年創刊）を舞台にさまざまな研究成果が公にされるようになった．なお，飯島らによって環境社会学の研究成果を体系づけた著書（＊68）が出版されており，環境経済学などと同様，環境教育の原論，内容論の研究に有効な知見が多く含まれている．

（3）その他の人為的環境に関連するグループ

環境倫理学

環境倫理学は環境問題の顕現化を受けて，それまでの人間中心主義的な倫理観を反省し，人間と環境とのかかわりに注目した倫理的規範の構築を目指し，アメリカの学者を中心にした議論を踏まえ1970年代末に登場した．環境倫理学は環境教育研究の原論や内容論に関連する情報の提供として位置づけることができる．日本でこの分野で早くから活躍している加藤尚武は，こ

の「環境倫理学」が主張しているものとして以下の3つのことを挙げている．すなわち，I．自然の生存権の問題——人間だけでなく，生物の種，生態系，景観などにも生存の権利があるので，人間は勝手にそれを否定してはならない．II．世代間倫理の問題——現在の世代は，未来の世代の生存可能性に対して責任がある．III．地球全体主義——地球の生態系は開いた宇宙ではなくて閉じた世界である (*69)．

最近，環境倫理学者の鬼頭秀一らはアメリカに始まった人間非中心主義的倫理観の再考を促す論考を展開している (*70)．鬼頭は，これまでの環境倫理学は「人間中心主義 vs. 人間非中心主義」という二項対立的図式という枠組みで考える傾向があったが，それでは現代の環境問題の解決につながる政策の視点を提供することはできない．新たな環境倫理学の構築のためには自然と人間との関係性に注目することが必要であり，その場合には環境倫理学の専門家である必要はなく，むしろ環境問題が生じている「現場」に密着した研究を行っている生態学，社会学などの参加が求められるとし，さまざまな境界領域の学問の「学融合」的試みを展開している．たとえば，ここに紹介した著書の「外来」生物と「在来」生物の問題については生態学，環境保全学などで活躍し，実際に外来生物の問題に取り組んでいる立澤史郎が議論に加わっている (*71)．

すでに〈2.3.1〉で述べたように，環境倫理学は環境教育の理念，目標などと密接なかかわりのある学問であり，その新たな展開に注目したい．

BOX2:「人と野生動物のよき付き合い方」を求める「旅」

環境教育などで「人間と自然との共生・共存」などという言葉が使われることがある．その場合，「自然」とは何を指しているのだろうか．第1章で述べたように「共生・共存」という言葉から判断すれば，ここでの「自然」は人間とかかわりあう「自然的事象」，すなわち「自然的環境」と呼ばれるものであり，その中でも人間と同様に相手も「環境主体」になりうる他の「生物」が考えられる．もちろん，「ガイア説」のような場合には「地球」自体も含まれることになるのかもしれない．

さて，この「BOX2」で紹介させていただく立澤史郎さんは「自然的環境」の一つである「生物」の中から「野生動物」を取り上げ，長年にわたって「人と野生動物の共生・共存」のあり方を探し求めている研究者（現在所属されている北海道大学大学院文学研究科教員紹介では「保全生態学・野生動物管理学・環境学習論」が研究分野となっている）である．

立澤さんがこのテーマにかかわり始めたのは学生時代，「野生動物と人間社会の共存」を課題に1979年に発足したNPO「かもしかの会関西」の呼びかけに応じて，当時社会的に問題化したニホンカモシカやニホンジカなど野生動物による「食害」の実態調査やその防除作業（共存を可能にするための）への参加であったという．筆者が山口大学から大阪教育大学に転任した1984年ごろ，立澤さんは「かもしかの会」を中心に「食害」問題や野生動物を対象とした「自然教室」など多様な活動をされていた．

筆者が立澤さんとはじめてお会いしたのは，上のような活動をされる中で「共生・共存」を実現する上で共に関連しあう二つの側面，一つは野生動物研究，一つは同じく野生動物を扱う教育，それぞれの不十分さを感じられ，そのうち，後者の課題解決を目指して大阪教育大学大学院の理科教育研究科に進まれたときである．筆者は理科教育の視点から，また科学文明再考という立場から環境教育のあり方などを検討していたので，どの程度立澤さんのご研究のお役に立てたか．しかし，自然教室などの活動で子どもたちのことをよく知っておられ，その経験から小さな子どもたちに対する日本の理科教育を歴史的に捉え直すことの意義を感じられ，すばらしい修士論文『雑誌「理科教育」にみる日本の低学年理科教育運動の分析』をまとめられた．

先ごろ，立澤さんからいただいたお便りによれば，筆者が「野生動物の研究も面白いだろうが，僕にはたっちゃんがなんでそんなに野生動物にのめり込めるのかということに興味がある」と彼に尋ねたようである．その疑問点については，これから探究されるそうなので楽しみにしているが，立澤さんが書かれた「ある文」の中にそのヒントを見つけた．それは，少年期（？）のあるとき，ペットにされているイ

左:「シカ」のスケッチ (鈴木健太画), 右: ヤクーツクの小学生との学習 (提供: 立澤史郎)

ヌ, ネコ, 小鳥たちを見て, 彼らは仲間と一緒に自然の中で暮らす方がよいのでは, という思いに駆られたという言葉である. また, それが岡野薫子著『銀色ラッコのなみだ―北の海の物語』(講談社文庫, 1975年) の影響であるとも. さらにそういう自然がたくさんあってほしいという個人的欲求から自然保護や環境問題に関心が移ったそうであるが, そこにも立澤さんの父君が彼に贈った本『沈黙の春 (生と死の妙薬)』と『トキのいる山』の影響が大きかったという. 筆者はこのあたりに立澤さんの「人と野生動物とのよき付き合い方」を探し求める「旅」の原点があるような気がする.『沈黙の春』を書いたレイチェル・カーソンが指摘する子ども時代の「センス・オブ・ワンダー」育成の大切さを再確認させてくれる話である.

いっぽう, 野生動物研究では, 筆者の院生のころから馬毛島 (大隅諸島) における野生のニホンジカの個体群生態学研究を独力で始めていたが, 京都大学にその研究を行うのに適した大学院が設置されたのを機会にそこをスタートに, さらに本格的な生態学分野の研究科に進み, 研究活動を約14年間続け, シカの個体数の増加のしやすさや減少のしやすさのしくみを解明し, 博士号を取得した. その間にも研究調査地の地元の子どもたちのための無人島体験キャンプ, 市民と一体になった奈良のシカ調査など, それぞれの地域と密接なかかわりをもった活動を展開された. このあたりにも立澤さんの学問のあり方に対する姿勢を見ることができる.

> 2003年から先に紹介した北海道大学に赴任され，これも「地域」とかかわりを考える研究分野で研究・教育に当たっておられる．最近では，シベリアをフィールドにした研究プロジェクトに参加され，単なる訪問型調査でなく，北方先住民の人々（ハンターや牧畜民）が主体となった調査体制を組んで活動されているそうである．彼の研究室のホームページにヤクーツク（サハ共和国）の小学生たちとの学習風景の写真が載せられているが，これも地元の子どもたちとともに「人と野生動物のよき付き合い方」を求める「旅」の一こまであるといえよう．
>
> まだまだ，立澤さんの「旅」は続いているが，最後に「旅」の途中で出会ったという一人の写真家を紹介しておこう．その人はカムチャツカでヒグマに襲われ他界した動物写真家星野道夫（1952〜1996）である．それは立澤さんがご自分の研究の方向などを検討されていたときのようである．オーロラのもとで自分の話を一生懸命に聞いてくださり，研究を深めるよう強く奨めてくれたそうである．そうした出会いもあって今，立澤さんは野生動物を巡っての研究を主体に，教育や保全活動などに尽力されている．「人と野生動物の共生・共存」は大きくは文明のあり方の問題であり，筆者の環境教育論ともつながっている．今後のさらなるご活躍に期待している．

環境史・環境歴史学

1960〜70年代におけるアメリカの自然保護運動に影響され，欧米では深刻化する環境問題を人類の歴史に立ち返って人類の行動，思想，政策，経済システムなどを問い直そうという動きが見られるようになり，「Environmental History」（1970年ごろ，ナッシュによって命名）という学会や機関誌が生まれた．日本では「環境史」と訳されてきているが，最近では「環境歴史学」という訳語を使う人たちも現れてきている．「環境史」の定義としては"過去20万年におよぶ人類史のなかで，人類が自然環境をどう改変し，その結果人類はどのような影響を被ったのかを，時間・空間的に追究する学問領域"という例が見られる（＊72）．

いっぽう，「環境歴史学」の定義には，"人類が出現して以来の生活の場と

それをとりまく自然の総体を，歴史的環境ととらえ，祖先が自然に働きかけて築き上げてきた歴史的環境を，健全な形で子孫に受け渡していくために，歴史学の果たすべき役割を探究していく学問である"(*73)のほかいくつかの定義が見られる．

環境心理学

環境心理学とは「人と物理的環境とのやりとりを研究するもの」(*74)，「人間と環境を一つの系(システム)として捉える実証科学，つまり，特定の環境とそこで行動している人間を互いに影響を及ぼしあう，分けることのできない構成単位と考え，その関係を研究する学問である」(*75)などと定義されている．このうち，前者では使用されている「環境」は，家，オフィス，学校と道路のような構築環境，および国立公園や原野のような自然環境を意味するとしている．また，後者では「環境」を表す言葉として，「空間」「場所」「場面」などとが交換可能な，ほぼ同じ意味として使われることが多いと述べている．いずれにしても幅の広い定義である．

環境心理学の登場は1960年代末で，ちょうどアメリカや日本など先進国で大気汚染など環境悪化が厳しくなり，「環境」への関心が高まったころである．羽生和紀はそうした心理学の外からの影響もあったが，心理学自体においても，それまでの抽象的な環境を対象としてきたことへの反省から，具体的な物理的環境を研究することの必要性が認識されたことも関係しているという(*76)．

最近では環境問題の顕現化に伴い，環境への配慮の視点から人々の行動を研究する社会心理学(環境社会心理学)が注目を浴びつつあり，環境教育でしばしば指摘される「意識」が「行動」に結びつかないという課題などに関連する研究もいくつか見られている．たとえば，宇佐見良恵は社会心理学でつくられている「意識」(環境に配慮した態度)から「行動」(環境に配慮した行動意図)への変容にかかわる環境心理学のモデル(「広瀬モデル」とよぶ)(*77)と環境教育の目標を関連づけて，「意識」から「行動」へと変容させるための環境教育プログラムのあり方を研究している(*78)．こうした環境社会心理学の研究は，今後の環境教育研究に有益な情報を提供してくれるものと期待している．

科学史・技術史など

　ところで,「環境」という言葉がついていないが,ESD の中核をなす環境教育の研究にとって不可欠な学問分野がある．それは現代の科学文明の誕生と密接にかかわってきている自然科学や科学技術を研究対象としている「科学史」「技術史」「科学論」「科学哲学」「科学社会学」「STS (科学・技術・社会の関連性) 研究」などである．すでに前章でそれらから得られた知見を用いての解説を試みてきている．また STS 研究に関しては，第 5 章の「統合的プログラム」で STS 教育という形で取り上げる．いずれにせよ，環境教育の原論や内容論の検討に有意義な情報が得られる研究分野である．

引用文献

（＊1）　宮野安治「教育的動物としての人間」杉浦美朗編著『教育学』八千代出版，1994 年，pp. 1–14.
（＊2）　福澤諭吉『訓蒙窮理図解』慶應義塾，1868 年．
（＊3）　井ノ口淳三「第 2 章　汎教育の思想―コメニウス」山崎英則・徳本達夫編著『西洋の教育の歴史と思想』ミネルヴァ書房，2001 年，pp. 18–32.
（＊4）　井ノ口淳三，前出 (＊3)，太田光一「第 4 章　児童中心主義の教育と思想―ルソー」，pp. 52–66, 小宮芳幸「第 5 章　国民教育の思想 (Ⅰ)―ペスタロッチ」，pp. 67–82.
（＊5）　「第 1 章　理科の目的・目標の変遷　第 1 節　学校教育への理科の導入とその目的」日本理科教育学会編『理科教育学講座　1　理科の目標と教育課程』東洋館出版社，1992 年，pp. 6–7.
（＊6）　宇佐美　寛「L. H. ベイリの『自然学習』―アメリカ進歩主義教育運動の農本主義的側面」『千葉大学教育学部研究紀要』第 18 巻，1969 年，pp. 43–55.
（＊7）　宇佐美　寛，前出 (＊6)．
（＊8）　西村幸夫「イギリスの環境教育」財団法人日本地域開発センター『平成 2 年度環境庁委託事業　子供達に対する環境教育の充実に関する体系的調査報告書』1991 年．
（＊9）　フリードリヒ・ユンゲ著，梅根　悟・勝田守一監修，山内芳文訳『生活共同体としての村の池』世界教育学選集，訳者解説，明治図書，1977 年．井ノ口淳三，前出 (＊3)，pp. 20–23 も参照．
（＊10）　棚橋源太郎・樋口勘次郎合著『小学理科教科書』金港堂，1900 年．日本科学史学会編『日本科学技術史大系　第 9 巻　教育 2』第一法規，1964 年，pp. 194–196.
（＊11）　鈴木善次・田中千子「日本の理科教科書に見られる『生物のつながり』―ユンゲの理科教育論との関連」『大阪教育大学紀要　第Ⅴ部門　教科教育』第 37

　　　　巻第2号，1988年，pp. 303–311.
(＊12)　沼田　眞『自然保護という思想』岩波新書，1994年，p. 10.
(＊13)　ポール・ブルックス著，上遠恵子・北沢久美訳『自然保護の夜明け』新思索社，2006年，p. 396.
(＊14)　小川　潔「日本における環境教育の流れと問題点」『環境情報科学』第11巻第4号，1982年，pp. 6–10. など.
(＊15)　荒木　峻・沼田　眞・和田　攻編『環境科学辞典』東京化学同人，1985年など.
(＊16)　金田　平「自然保護教育」佐島群巳ほか編『環境教育指導事典』国土社，1996年，pp. 16–17.
(＊17)　阿部　治「自然保護教育の視点」小川　潔・伊東静一・又井裕子編著『自然保護教育論』筑波書房，2008年，pp. 149–159.
(＊18)　金田　平，前出 (＊16).
(＊19)　沼田　眞，前出 (＊12).
(＊20)　小川　潔「自然保護教育」川嶋宗継ほか編著『環境教育への招待』ミネルヴァ書房，2002年，pp. 8–16.
(＊21)　小川　潔・伊東静一「自然保護教育の歴史と展開」小川　潔・伊東静一・又井裕子編著『自然保護教育論』筑波書房，2008年，pp. 9–27.
(＊22)　降旗信一「自然保護教育の今日的課題」降旗信一・高橋正弘編著『現代環境教育入門』筑波書房，2009年，pp. 99–113.
(＊23)　金田　平，前出 (＊16).
(＊24)　宮本憲一「公害」環境教育事典編集委員会編集（代表：本谷　勲・小原秀雄・宮本憲一）『新版　環境教育事典』旬報社，1999年，p. 120.
(＊25)　飯島伸子『環境問題と被害者運動』学文社，1984年.
(＊26)　佐藤　学「公害教育」環境教育事典編集委員会編集（代表：本谷　勲・小原秀雄・宮本憲一）『新版　環境教育事典』旬報社，1999年，p. 121.
(＊27)　http://www.eic.or.jp/ecoterm/?act=view&serial=762（2012年9月1日検索）.
(＊28)　高橋正弘「公害教育の経験」川嶋宗継ほか編著『環境教育への招待』ミネルヴァ書房，2002年，pp. 17–25.
(＊29)　関上　哲「公害教育の今日的課題―環境教育における住民参加について」降旗信一・高橋正弘編著『現代環境教育入門』筑波書房，2009年，pp. 83–98.
(＊30)　関上　哲，前出 (＊29).
(＊32)　鈴木善次「今，なぜ環境学習なのか」『環境学習をすすめよう　平成6年度県民環境講座のまとめ』滋賀県生活環境部，1995年3月，pp. 19–37.
(＊33)　J. F. Disinger: Environmental Education Definition Problem, ERIC (2012.9.2検索).
(＊34)　市川智史「環境教育」佐島群巳ほか編『環境教育指導事典』国土社，1996

年, pp. 30–31.
(＊35) 阿部　治「環境教育法」佐島群巳ほか編『環境教育指導事典』国土社, 1996年, pp. 32–33.
(＊36) 佐藤真久「環境教育の概念と定義―1970年以降の主要会議　論文のレビューを通した国際的動向, 環境教育概念の歴史的変遷」『IGES ワーキングペーパー』地球環境戦略研究機関, 1998年, pp. 1–20.
(＊37) 中山和彦「世界の環境教育とその流れ―ストックホルムからトビリシまで」沼田　眞監修, 佐島群巳・中山和彦編『世界の環境教育』(「地球化時代の環境教育」④) 国土社, 1993年, pp. 8–28.
(＊38) 外務省国連局　金子熊夫編『改訂版　人間環境宣言』日本総合出版機構, 1972年.
(＊39) 中山和彦, 前出 (＊37).
(＊40) 千葉呆弘「環境教育の概念と実践の発展―トビリシからモスクワまで」沼田　眞監修, 佐島群巳・中山和彦編『世界の環境教育』(「地球化時代の環境教育」④) 国土社, 1993年, pp. 29–43.
(＊41) 市川智史「環境教育の目的・目標・カリキュラム」川嶋宗継ほか編著『環境教育への招待』ミネルヴァ書房, 2002年, pp. 47–55.
(＊42) 市川智史, 前出 (＊41).
(＊43) 市川智史, 前出 (＊41).
(＊44) 環境と開発に関する世界委員会, 大来佐武郎監修『地球の未来を守るために』福武書店, 1987年, p. 66.
(＊45) 阿部　治「リオ・デ・ジャネイロ宣言」佐島群巳ほか編『環境教育指導事典』国土社, 1996年, pp. 36–37.
(＊46) 阿部　治ほか「『環境と社会に関する国際会議―持続可能性のための教育とパブリック・アウェアネス』におけるテサロニキ宣言」『環境教育』Vol. 8, No. 2, 日本環境教育学会, 1999年の訳文.
(＊47) 鈴木善次『人間環境教育論―生物としてのヒトから科学文明を見る』創元社, 1994年, p. 176.
(＊48) 市川智史「国際環境教育計画 (IEEP) の第I期における環境教育の目的論に関する一考察」『科学教育研究』第18巻第4号, 日本科学教育学会, 1995年, pp. 197–204.
(＊49) 井上有一「環境教育の『底抜き』を図る―『ラディカル』であることの意味」井上有一・今村光章編『環境教育学―社会的公正と存在の豊かさを求めて』法律文化社, 2012年, pp. 13–15.
(＊50) 丸山　博「環境教育目的論の検討と環境教育体系化の試み」『北海道大学教育学部紀要』第61号, 1993年, pp. 89–104.
(＊51) 外務省　外交政策『持続可能な開発に関するヨハネスブルグ宣言 (仮訳)』より. http://www.mofa.go.jp/mogaj/gaiko/kankyo/wssd/sengenhtml 2013.6.16

検索.
(＊52) 鈴木善次「環境教育の必要性―持続可能な社会の構築に向けて」『環境技術』Vol. 32, No. 6, 2003 年, pp. 34–38.
(＊53) 金井　肇「教育の立脚点の明確化と『教』と『育』」西沢潤一監修, 金井肇編著『日本の教育改革をどう構想するか　民間教育臨調の提言①教育理念の再生』学事出版, 2006 年, pp. 12–22.
(＊54) 谷口文章「環境教育における環境倫理の使命と役割」日本環境教育学会編『環境教育』教育出版, 2012 年, pp. 95–106.
(＊55) 鈴木善次『人間環境論―科学と人間のかかわり』明治図書, 1978 年.
(＊56) Lambert Schmithausen: The Early Buddhist Tradition and Ecological Ethics. Jour. Buddhist Ethics. Vol. 4, 1997, pp. 1–55. (Dharma Flower Net より検索. 2013 年 6 月).
(＊57) Ben, A. Minteer and James, P. Collins: Ecological Ethics; Building a New Tool Kit for Ecologists and Biodiversity Managers, Conservation Biology, Vol. 19, No. 6, 2005, pp. 1803–1812.
(＊58) Patrick Curry: Ecological Ethics; An Introduction, Polity Press, 2006, 2nd edition, 2011.
(＊59) 丸山　博, 前出 (＊50).
(＊60) ジョン・フィエン著, 石川聡子・石川寿敏・塩川哲雄・原子栄一郎・渡部智暁訳『環境のための教育―批判的カリキュラム理論と環境教育』東信堂, 2001 年 (原書, 1993 年).
(＊61) 石川聡子「これからの環境教育―人間環境の持続可能性をめざす」ジョン・フィエン, 前出 (＊60), pp. 191–203.
(＊62) 佐島群巳『感性と認識を育てる環境教育』教育出版, 1995 年.
(＊63) 田中　稔ほか著『環境化学概論』丸善, 2006 年.
(＊64) 鞠子　正『環境地質学入門』古今書院, 2002 年.
(＊65) 細田衛士・横山　彰『環境経済学』有斐閣, 2007 年.
(＊66) 植田和弘『環境経済学』岩波書店, 1996 年.
(＊67) 舩橋晴俊「現代の環境問題と環境社会学の課題」舩橋晴俊編『環境社会学』弘文堂, 2011 年, pp. 4–20.
(＊68) 飯島伸子・鳥越裕之・谷川公一・舩橋晴俊編『講座　環境社会学』有斐閣, 2001 年.
(＊69) 加藤尚武『環境倫理学のすすめ』丸善ライブラリー, 1991 年.
(＊70) 鬼頭秀一・福永真弓編『環境倫理学』東京大学出版会, 2009 年.
(＊71) 立澤史郎「「外来対在来」を問う―地域社会のなかの外来種」鬼頭秀一・福永真弓編『環境倫理学』東京大学出版会, 2009 年, pp. 112–129.
(＊72) 石　弘之「学術の今日と明日　どこへ向かう『環境史』」『学術の動向』日本学術協力財団, 2007 年 4 月, pp. 68–70.

(＊73) 橋本正良「序章　環境歴史学の可能性」橋本正良編著『環境歴史学の視座』岩田書院，2002 年，pp. 5–34．
(＊74) R・ギフォード著，羽生和紀ほか監訳『環境心理学―原理と実践　上』北大路書房，2005 年．
(＊75) 羽生和紀『環境心理学―人間と環境の調和のために』サイエンス社，2008 年．
(＊76) 羽生和紀，前出（＊75）．
(＊77) 広瀬幸雄『環境と消費の社会心理学―共益と私益のジレンマ』名古屋大学出版会，1995 年．
(＊78) 宇佐見良恵「環境教育により生徒の環境意識や行動は高まるのか」広瀬幸雄編『環境行動の社会心理学』高木　修監修「シリーズ　21 世紀の社会心理学 11」北大路書房，2008 年，pp. 114–123．

第3章
環境教育の体系化

　序章でも述べたように我が国で環境教育が話題になり，学校の内外で環境教育の名のもとに「自然観察」や「ゴミ回収」など多様な活動が行われ始めたころ，人々に「どれが環境教育なのか」などという戸惑いを感じさせる状況が見られた．環境教育の「学」としての構築を目指す上では環境教育の体系化を図ることが第一歩であろう．体系化のためには前章で取り上げた「原論」「内容論」「方法論」などを有機的につなげることが必要である．当然，「原論」で検討した「目的」「目標」などに適した「内容」や「方法」が採用されることになるのであるが，本章では主として学習「内容」の体系化について検討する．

3.1　環境教育における基本的概念

　さて，学習「内容」を検討する場合，「目的」「目標」に掲げたこと，最近では「持続可能な社会」の構築を目指す人材が身につけてほしい基本的な概念(キー・コンセプト)が存在するはずである．そこで本節ではそれらがどのようなものであるか，これまでどのようなものが提案されてきているかなどを紹介し，再検討してみる．
　これまでに提案されているものを調べると，およそ次のようなものが浮かび上がる．
　「関係性」「システム」「循環(サイクル)」「バランス(平衡)」「有限性と無限性」「閉鎖系と開放系」「多様性」「共生」「公平・公正」など．これらは環境教育登場のきっかけとなった環境問題を検討する過程で意識されてきたものであろう．したがって，ここでも環境問題とのかかわりを取り上げて，それらのキー・コンセプトについて順次検討する．

3.1.1 「廃棄物（ゴミ）」問題から浮かび上がるキー・コンセプト

環境問題の一つとして「廃棄物（ゴミ）」問題がある．廃棄物量の増加に伴う処理能力の限界や廃棄物の質的変化による大気汚染などの解決を目指した活動が早くから見られてきているが，困難を極めている．

そもそも「ゴミ」とは何であろうか．簡単にいえば当事者にとって不用となって捨てられるものである．しばしば「ゴミ」を出すのは人間だけで，他の生物は出さないといわれる．筆者もそうした発言をしたことがあるが，そのときの「ゴミ」について検討してみる必要がある．実は他の生物も自分にとって不用となったものは捨てている．動物の糞尿や植物の落ち葉，呼吸によって排出される二酸化炭素などはその例である．したがって，上の定義に基づけば，その動物や植物にとってもそれらは「ゴミ」である．しかし，同じ「ゴミ」でも人間界と他の生物界ではその意味が異なる．生物たちにとっての「ゴミ」は他の生物によって利用される可能性が高いが，人間の「ゴミ」は糞尿や二酸化炭素，残飯などを除けば他の生物には利用されにくい．ときには生物たちにとっての「環境問題」を生じさせることもある．たとえば，産業廃棄物や家庭から出される不燃廃棄物などによって山谷や海岸が埋め立てられる場合，そこに生活している多くの生物にとっては大きな環境問題になる．

こうした人間界の「ゴミ」が他の生物界のそれと異なる背景には「文明」，特に「科学文明」がかかわりをもっている．そのことを含めて，以下に「ゴミ」問題に関連して浮かび上がるいくつかのキー・コンセプトを紹介する．

「関係性」「システム」
すでに第1章〈1.2.2〉の「近代科学の誕生」で述べたように，「機械論的自然観」から導かれた「要素分析的方法」は物理学や化学での分子，原子，原子核など，また生物学における細胞，遺伝子などミクロのレベルでの自然的事象の研究で大きな成果を挙げたが，近年になり，こうした「自然をばらばらに捉えることが環境問題を生み出す一つの要因」であり，もっと「自然を全体的に眺め，要素間の関係をあきらかにする」というマクロなレベルの研究が必要であるという議論が展開されるようになった．そこから注目を浴び

たのが生態学 (ecology) である．

　生態学は生物どうしの関係，また生物と環境（他の生物を含めた）間のかかわりなどについて研究する生物学の一分野であり，すでに 19 世紀末から先駆的研究が現れていた（たとえば「生活共同体」論を提出したドイツのメビウス．第 2 章〈2.1.1〉参照）．その後，20 世紀の前半において，今日の環境問題との関係で大きな役割を果たす二つの概念が提出された．一つがイギリスの生態学者チャールズ・エルトン (Charles Elton, 1900〜1991) による「食物連鎖」(food-chain)〈「食物網」(food-web) ともいう．1927 年〉，もう一つが同じくイギリスの生態学者アーサー・タンスリー (Arthur Tansley, 1871〜1955) からの「生態系」(ecosystem, 1935 年) である．前者では生物どうしの食べ物を通しての「関係性」，後者では生物および周囲の無機的環境要因の間における物質やエネルギーに関して一定の「システム」（生産者・消費者・分解者）が，それぞれ存在することが示されたのである．

「循環」

　このように私たち人類は他の生物との「関係性」や「システム」のもとで生活しているのである．その上で注目されるのが自然生態系では物質が「循環」するということ，言い換えれば「ゴミ」として出されたものが他の生物に利用され，それが繰り返されるということ．人間も自然生態系の枠内に留まっている限りでは「ゴミ」問題を生じさせなかった．しかし，人間は「文明」という名のもとで，この「循環」を断ち切るような「ゴミ」を出し続けてきている．

　国連のユネスコが発行している『Connect』(UNESCO-UNEP Environmental Education Newsletter) という冊子 (*1) に環境教育の基礎概念が取り上げられたことがある．そこでも 'Cycle' という言葉が見られており，それに関連して次のような解説もつけられていた．

　"物質は作り出されることも壊されることもありえない．この惑星（地球）の物質は地球や太陽のエネルギーによって絶え間なく姿形を変えながらこの惑星上に留まっている．……（中略）……生命にとって必要な物質，水，炭素，酸素，窒素などはバイオ・ジオ・ケミカル・サイクル (biogeochemical cycles) を通過し，生物のために純度を保ち，生物が利用しうるようにしてい

る."

　この解説では「循環」の範囲が一つの生態系に留まるのでなく，地球規模での物質循環にも目を向けることの大切さを指摘している．たとえば地球温暖化は大気圏，水圏，陸圏，生物圏における炭素の循環という視点からも考察しうる現象である．温室効果ガスといわれる二酸化炭素を人々が大気圏に「捨てる」ことにより，水圏，陸圏，生物圏における二酸化炭素吸収能力の範囲を超えて大気圏にそれを留めさせ濃度を高めているからでもあり，その意味では地球温暖化は「ゴミ」問題でもある．

　以上，ゴミ問題に関連させながら環境教育において習得することが望ましいキー・コンセプト（「関係性」「システム」「循環」）について紹介した．

3.1.2 「食料」不足，「資源」枯渇などの問題から見出せるキー・コンセプト

　18世紀イギリスの経済学者T・R・マルサス（Thomas Robert Malthus, 1766〜1834）は人口の等比級数的増加に対して等差級数的にしか増加しない食料生産量との関係で，やがて人々は食料不足に陥るという指摘を『人口論』（1798年）で行った．国連人間環境会議の開かれた1972年にはローマクラブから『成長の限界』という報告書が出され，その中で人口の急激な増加が原因で食料不足や資源の枯渇がもたらされることへの警鐘が打ち鳴らされた．食料不足は人間にとって生存の基盤にかかわる大きな環境問題であるし，資源の枯渇も同様である．こうした事態を指して人口と食料・資源の「アンバランス」という言い方がなされるが，ここからも環境教育にとってのキー・コンセプトが見出される．それは「バランス」「有限性」「閉鎖系」などである．

「バランス」
　そこで「バランス」という概念が登場する環境問題をいくつか紹介してみよう．
　その一つは先の「循環」で取り上げた生態系・食物連鎖に関連する事象である．生態学が明らかにしていることによれば，生態系を構成する「生産者」

「消費者」「分解者」のうち，いずれかの生物集団の個体数が急増したり，激減したりすることによって生態系が破壊されることがある．一つの生態系が成り立つのには，それぞれの役割をもつ生物集団間で個体数の「バランス」が保たれている必要がある．そのうち「消費者」の段階では一次消費者としての草食動物，二次消費者，三次消費者などの肉食動物間で食物連鎖が存在する．それらの間では生活に必要なエネルギーが受け渡されていくが，呼吸などによって失われ，「生産者」から順次「消費者」の段階をのぼるにつれて減少する．それに伴って上位段階で養える個体数もちょうどピラミッド型のように減少する．この「ピラミッド型」が個体数における「バランス」を表すものである．ときどき見られる特定の生物の大発生はこの「バランス」が崩れたことによる結果であり，そのことがかかわった人間にとっての環境問題，たとえば漁業や農業における収穫量の減少などが生じることがある．

次に河川や湖沼など水圏における「汚濁問題」を考えてみよう．「水質汚濁」といえば河川や湖沼の底に腐敗した有機物（ヘドロ）が溜まる現象が有名である．これは家庭や事業所などからの排水中に含まれる有機物の量が「水の自浄作用」能力の限界を超える，言い換えれば両者の「バランス」が崩れることによって起こる現象である．「水の自浄作用」とは，川などに生息する原生生物やカビ・バクテリアなどによって有機物が最終的には無機物に分解されることを指す．

かつて瀬戸内海や東京湾，琵琶湖などでしばしば発生し，現在でもときどき見られる赤潮やアオコも水圏における「バランス」崩壊の一つの例である．赤潮は水圏に生息するプランクトンなどが異常繁殖したものであり，生態系のうちの「生産者」たちにとって養分となるリンが農地や家庭などからの排水中に過剰に含まれている（富栄養化という）ことに起因するものである．

なお，先に取り上げた地球温暖化や都市におけるヒートアイランド現象は熱エネルギーでの，また震災という環境問題を生み出す地震も力学的エネルギーでの，それぞれ「バランス」問題である．

「有限性」と「無限性」

先に食料不足や資源の枯渇を「バランス」という立場で紹介した．このうち資源の枯渇問題では別の概念を登場させることができる．それは「有限性」

である．石油などの埋蔵場所や掘り出す技術などが進歩して「枯渇」という時限は伸びてきているとはいえ，いずれは限界に達するであろう．

　この「有限性」は資源などの量的限界に当てはめられるばかりでなく，大気汚染，オゾン層の破壊，酸性雨などさまざまな環境問題の舞台になっている大気や河川・海洋など，いわゆる「コモンズ（共有空間）」についても考えるべき概念である．かつては空も海も大きな空間であるという意識にあった人々も環境問題，特にそれらの空間で見られる環境問題，が厳しくなってからはその「有限性」に気づくようになった．

　ところで「有限性」という言葉の対置語として**「無限性」**というものも考えられる．筆者は環境教育ではこの概念の学習も重要ではないかと提案したことがある（＊2）．それは学習者に「有限」の地下資源に対して「無限」の資源の提供元としての植物の働き（光合成）への注目を促すということであった．具体的には石油を原料とした箸と竹など植物を原料とした箸との比較検討である．この比較に関しても科学文明の再検討という視点が求められる．

「閉鎖系」と「開放系」

　さらに「閉鎖系」と「開放系」という概念も環境教育のキー・コンセプトの仲間に入れられる．これらは前項で取り上げた「循環」という概念と関連づけられるものである．すでに述べたように，生態系では物質の循環が見られる．その場合，大まかに捉えるとその生態系にかかわる物質は同じ生態系の構成物質となり，物質としては閉じられた状況（閉鎖系）にある．地球全体を大きな生態系と捉えることもでき，この場合，それぞれの生態系に比べ「閉鎖系」としての度合いは大きくなり，宇宙空間との物質の出入りは隕石などを除き見られない．すでに存在する物質が組み換えられることで姿形が変えられるのである．かつて恐竜の体をつくっていた物質が現代人の誰かの体をつくっている可能性もあるということである．こうした視点で地球上のさまざまな事象を考えることも環境教育では必要なことである．

　ところで，地球の諸事象にかかわる「エネルギー」の場合はどうであろうか．地球に大きな影響を与えている太陽エネルギーは地球を単なる休憩所として利用しているのであり，永久に留まってくれない．それぞれの生態系で仕事をすませると宇宙空間へと去っていく．すなわちエネルギーの場合は「開

放系」という性質に属する．その中でも長く地球に留まってくれているのが化石燃料に含まれるエネルギーである．

なお，「開放系」という概念はそれぞれの生態系でもいくらでも見出せる．たとえば河川の生態系を見たとき，上流から流れる水やそこに含まれているもろもろの物質は河川の下流や海の生態系に影響を与える可能性は大きい．先に紹介した海での赤潮発生はその事例である．

3.1.3 「熱帯林の減少」という環境問題などから考えられるキー・コンセプト

1990年ごろ，熱帯林の破壊，減少が地球環境問題の一つとして話題になった．そのころ，1年間で日本の本州の半分の面積（約1100万ヘクタール）に相当する熱帯林が消えたといわれた．その原因として挙げられたのが地元の人たちによる農地開墾，食料関連企業による牧場化，先進国による木材利用などである．

熱帯林の破壊や減少が地球規模の環境問題といわれるのは単に資源としての熱帯林という視点からだけでなく，地球全体における熱帯林の果たす役割が失われることへの心配からであった．たとえば，酸素供給や二酸化炭素吸収などによる大気圏組成の維持，それに伴う気候の調節などが挙げられるが，より注目されたのは熱帯林のもつ豊かな「生物の多様性」への影響であった．

「生物の多様性」とはある地域に生息する生物種数の多さを示す言葉であるが，地球上の生物種の約80％が熱帯，約20％が温帯，約1～2％が寒帯に分布しているというデータもあるくらい，熱帯，その中でも特に熱帯林には多種多様な生物が生活している．言い換えれば，熱帯林は多くの生物種にとって好ましい環境が準備されているということである．ここから環境教育にとって必要な一つの重要な概念「多様性」が取り出せそうである．さらにその延長線上で「共生」や「公平・公正」などのキー・コンセプトも登場させることができる．

「多様性」
生態系において，より多くの生物種がかかわりをもつ場合と逆に少ない場

合を比べると，その安定度は前者の方が高いことが知られている．言い換えると「豊かな多様性」をもつ生態系は環境の変化に対する適応力が大きいということである．たとえば，気候が変化しても「生産者」「消費者」「分解者」それぞれが多くの種から構成されていれば，その中には気候の変化に適応できる種が存在する可能性が高く，生態系を維持することができるというわけ．生物の世界における「持続可能性」はこの「多様性」と深くかかわりをもっているのである．

ところで，生物の「多様性」は長い時間をかけて地球上の多様な環境にそれぞれ適応する種に生物が分化することで生み出されたものである．いっぽう，人類は現在ではホモ・サピエンスの1種が存在するのみであり，他の生物と異なり，それぞれの気候風土に適した形の「文化」（ライフスタイル）を生み出し，地球上に広がりを見せた．いわば「文化の多様性」であり，それによって，それぞれの地域における人間社会の「持続可能性」が維持されてきた．

しかし，科学文明の登場はその「文化の多様性」を脅かす状況を生み出した．「文化」の一つのスタイルである「文明」も科学文明以前のものでは地域性・時代性を維持し，それぞれに特徴が見られていたが，西ヨーロッパを起源とする科学文明は，現在では地球上のほとんどの地域に影響を及ぼすようになっている．その要因にはいろいろのことが考えられるが，科学文明の一つの特徴である「科学技術の浸透」が大きな役割を果たしている．特に最近における「情報技術」の発達はその印象を強めている．この「多様性」の減少，言い換えれば「一様化」とでもいえる状況をどう捉えるか．自然界では「一様化」は生態系の維持を困難にさせている．そのことを単純に人間界に当てはめるのは乱暴かもしれないが，検討すべき課題であり，その意味でも「多様性」は環境教育で欠くことのできないキー・コンセプトである．

「共生」

その「多様性」に関連し，1992年ブラジルのリオで開かれた「地球サミット」で「生物多様性に関する条約」が結ばれた．その際，NGOグループなどによる「生物の多様性に関する市民の誓約」なるものも示され，その中で，あらゆる生命の多様性はそれ自身固有の価値をもつこと，生命の各種形態は

存在する権利をもつこと，などが示されたが，このことは人間界にも当てはめることができるのではないか．

すでに前項で述べたように，さまざまな人種・民族のもつ固有の文化（ライフスタイル）が科学文明というライフスタイルによって置き換えられつつあるが，それらもそれぞれに固有の価値をもち，それらの間に優劣は存在しないという認識のもと，また文化の「一様化」が抱える可能性のある課題を避けるためにも，それらの存在を認め，「共に暮らす」という考えをもつことが必要ではないか．ここから生まれてくるのが「共生」という概念である．

もともと「共生」という概念は生物学用語であったが，最近では「自然と人間の共生」とか，「人間社会における共生」など幅広い概念として使われるようになっている．その背景として古沢広祐は"環境問題や社会的な矛盾の深刻化がある．……世の中が共に生きがたい世界となり，他を排除する世相がひろがっていることと密接に関係している"と指摘している（*3）．確かに現実の世界に目を向けると宗教的・民族的対立や経済格差などに起因する南北対立など，「共生」とはほど遠い状況が続いている．しかし，「持続可能な社会」の構築を目指すのであれば，「共生」という概念は不可欠であり，環境教育のキー・コンセプトの一つとして加えられるべきものである．

「公平・公正」

ところで，お互いの違い（多様性）を認め合い，共に暮らす（共生）という考えをもつ上で，さらなるキー・コンセプトが必要となる．それが「公平・公正」である．先にローマクラブの『成長の限界』に言及したが，そこでの議論では人口の増加に食料生産が追いつかなくなり，食料不足に陥るなどについて平均値論が採用されていた．しかし，その平均値的な「限界」に達するより以前に，現実にはいっぽうで「飽食」，他方で「飢餓」というように食料の配分に関して大きな「不公平」が生じている．同じことはエネルギーなど他の資源についてもいえることであり，そうした問題の解決なしには「持続可能な社会」の実現はおぼつかない．

その「不公平」が現実に現れているのが「先進国」と「発展（開発）途上国」（最近では中国やインドなどの国力の増加により，この分け方にも変化が見られている）との間に見られる経済，健康，資源などの「南北格差問題」で

ある．この中で「資源消費」の状況をいくつかの仮定を置いて面積に換算する「エコロジカル・フットプリント」というものがあり，WWFによって計算された数値が紹介されている．それによると世界の公平な割り当てが1.8ヘクタールであるのに対して，アメリカが9.5ヘクタール，日本が4.3ヘクタールであるという（*4）．いかにアメリカが世界の資源を多量に消費しているかがわかる．

「持続可能性」という言葉が登場したころ，「環境容量」という言葉が使われるようになった（*5）．"環境容量とは，地球全体あるいは地域で利用可能なエネルギー，再生不能な資源，土地，水，森林その他の資源の総量のことである"という．この著書では「環境容量の公平な分け前」について論じている．その基本原則の一つとして"地球規模の公平な資源へのアクセスを，すべての国すべての人に保証する"ことが掲げられている．

上に述べたように現実はそれにほど遠い．環境教育ではその現実を打開するためにも「公平」「公正」という概念を身につけることを期待する．

3.2　環境教育の学習内容とその扱い方

〈3.1〉では環境教育の学習における基本的概念（キー・コンセプト）と考えられるものを取り出し，その理由を述べ解説を試みた．ここではそれらの概念も含めながら，「持続可能な社会」の構築に向けた人材育成を目指す環境教育の学習内容やその扱い方などについて検討する．

学習内容としては，まずは人間環境やそこに見られる環境問題についての認識・理解につながる事柄を取り上げることになるのであろうが，人間環境を構成する自然的環境と人為的環境それぞれの特質や人間にとっての意義を明確にすることが必要であり，そのために，ここでは以下のように科学文明登場以前と以後という時代に分け，主として前者では自然的環境，後者では人為的環境を扱うことにする．

3.2.1 「科学文明登場以前の自然的環境とその人為化」に関する学習

　科学文明が登場する以前にもさまざまな文化や文明のもとに「人為的環境」は存在していたし，いっぽうで「自然的環境」は人間にとって重要な生存基盤として現在も私たちを支えてくれている．ここで科学文明登場期を境にしたのは，人類史を鳥瞰したときに両者の割合がこの時点で大きく変化していることと「人為的環境」の質的変化が顕著であるからである．そのことを前提に，はじめに「自然的環境」についての学習内容とその扱い方を検討してみよう．

　第1章でも述べたように，「自然的環境」は「自然的事象」からもたらされるものである．したがって「自然的事象」についての学習が必要になるが，それには理科教育，広くは科学教育などその分野の教育との有機的な連携を図りながら，〈3.1〉で取り上げたキー・コンセプトや「持続可能性」などを物指しにして環境教育の立場から学習内容を検討し，そして実践することが望まれる．

　自然的環境についての学習内容は多岐にわたり，ここですべてを扱うことはできない．そこで自然的環境の特徴を明らかにする上で適した内容をいくつか取り上げることにする．

（1）生態系

　環境教育の学習内容として第一に取り上げたいものといえば，「自然的事象」の中の「生物圏（生命圏）」がもつ重要な「システム」の一つ「生態系」(ecosystem)である．なぜなら私たちのライフスタイルはそれとのかかわりによってつくりだされてきたものだからである．

自然生態系

　この生態系の学習を行うにあたっては，すでに〈3.1〉で取り上げた生態系に関する基本的な事柄，すなわち，生態系を構成する要素として生物的要素と無生物的要素があり，このうち前者は働きの違いによって「生産者」「消費者」「分解者」に分類されること，その三者のうち「生産者」と「消費者」の

間では最下部に「生産者」が位置し，その上に「消費者」が「食物連鎖」の順に個体数を減少させるというピラミッド型に層をなしていること，生態系においては無生物的要素と関連づけながら生物的要素間を物質は「循環」しているが，エネルギーは生態系に入り一定の役割を果たしたあと生態系外へ去り，「循環」しないことなどをしっかり押さえることが必要である．

　しかし，ここまでのことであれば生物教育において行われることであり，環境教育としての意味は何かという疑問を抱く人もいるであろう．ここで重要なことは生態系と人間とのかかわりという視点をもつことである．言い換えれば，生態系を人間にとっての一つの重要な環境要因として考えるということである．

　その生態系と人間活動との関係を検討する場合，時間的視野を取り入れて，人類史を遡っていくつかの特徴ある時代と現代における両者の関係と比較することも自分たちのライフスタイルの見直しにとって大切なことである．このことは次の「科学文明登場以後」の場合には特に意味が大きい．

生物多様性

　生態系に関連して自然的環境として学習しておきたいことは，人間もその一員として誕生した生物界がもつ「多様性」という特徴である．すでにキー・コンセプトの一つとして「多様性」について取り上げ，大まかな説明をしたが，「生物多様性 (biodiversity)」という言葉はもともと生物学用語の「生物学的多様性 (biological diversity)」であったものをアメリカの生態学者ウォルター・ローゼン (Walter G. Rosen) が 1986 年，人為による生態系の改変や希少種の絶滅などを危惧し，それを防ぐためのスローガンとして考えた言葉であるという (*6)．

　生物多様性は筆者が〈3.1〉で紹介したような「種」レベルだけでなく，「遺伝子」や「生態系」のレベルでの多様性も考えられているが，基本は「種」の多様性であろう．「生態系」レベルも「遺伝子」レベルもそれとのかかわりで考えることができるからである．したがって，学習ではまずは「種」レベルでの多様性に関する知識を身につけ，そのことと人間活動との関係を検討することである．

自然生態系の人為化

　人類がこの地球上に姿を現す以前には森林，海洋，湖沼，草原，砂漠，熱帯，寒帯などで，それぞれの時代や地域に適した形の多様な生態系が成り立ってきていた．そのようなものを「自然生態系」と名づけておこう．その「自然生態系」に「消費者」としてかかわりをもつようになった人類はやがて徐々にその人為化を進め，「人為生態系」とでも呼べるものを生み出した．その一つが「農業生態系」である．

　「生態系」という場合には「生産者」「消費者」「分解者」に相当する生物が存在し，その「系」の中で「物質」が「循環」する必要がある．「農業生態系」といってもいろいろなタイプがあるが，「生産者」「消費者」「分解者」はどのようになるか．環境教育ではそうした課題について考察し，「自然生態系」との違いや人間環境としての「農業生態系」のもつ意義などを検討することを期待したい．

　さらに時代が下るとともに誕生した文明は，「都市」という生活空間をつくるようになった．では，この都市という環境では生態系のような考えは成り立つのだろうか．この場合でも古代文明時代と科学文明時代ではどう異なるか，など比較検討することである．

（2）「気圏」「水圏」「陸圏」とそれらの「関係性」

　上に取り上げた「生態系」や「生物多様性」は人間環境を構成する自然的事象のうち「生物圏」に見られるものであった．この「生物圏」の他に地球には「気圏」「水圏」「陸圏」と呼ばれる圏域があり，これらも人間環境として大きな役割を担っている．当然，環境教育の学習内容となるものであるが，「生物圏」の場合と同様，それぞれにかかわる教育分野（学校では理科教育，特に地学教育）があり，それらとの有機的連携をもたせながら，各圏域内および圏域間に見られるシステムと人間とのかかわりなど環境教育の視点から学習内容を検討することが必要であろう．

　たとえば「気圏」に関連する学習の場合，理科では気圏（対流圏・成層圏など）の大きさ，構成成分とその動態，光や熱などのエネルギーの状態などを自然的事象という視点で理解することを目標にしている．しかし，環境教育では人間環境という視点が必要なので，それらと人間活動の相互作用を取

り上げることになる．その場合，呼吸のような生物としての基本的活動は別として，ライフスタイル（文化・文明）の時代的変化に伴って人間活動も大きく変化し，お互いに影響しあう内容（大気の汚染など）も質的・量的に異なってきている．前項の「生態系」の場合と同様，科学文明登場以前と以後ではその相違は特に大きい．そうしたことを理解し，現在の自分たちのライフスタイルについて適切な評価ができるようにする．

このことは「水圏」や「陸圏」，また「生物圏」を含めて各圏域間のかかわりの学習においてもいえることである．たとえば，人間を含めてほとんどの生物にとって不可欠な水についての学習は学校では主として理科で行われるが，そこで，しばしば取り上げられるのが「地球における水の循環」である．この学習では，水には「気体，液体，固体」という三態があり，「気圏」「陸圏」「水圏」「生物圏」を何らかの形で循環していることや，水が循環することによって気温や湿度の調節，物質の移動などを可能にしていることなどの知識を身につける．

環境教育にとって，こうした「関係性」という視点を養うことは非常に大切なことであり，積極的に進めてほしいが，さらに一歩進めて，「水の循環」と人間活動との相互作用を時間軸という視点を取り入れて，比較検討する学習も期待したい．

（3）自然的事象に起因する人間環境問題

以上，「生態系」「生物多様性」「地球に見られる圏域」を事例にして人間環境の重要な構成部分である「自然的環境」についての学習のあり方について検討した．ここでは，その「自然的環境」において見られる環境問題（自然的事象と人間生活とのかかわりが好ましくない状況）のいくつかを紹介し，その学習のあり方を考えてみる．

自然災害

自然的事象の中で人間にとって好ましくないものといえば，地震，火山活動，地すべり，雷，津波，台風，寒波など地学的分野（地質・気象・天文）が扱うものがまず思い浮かぶ．おそらくほとんどの人はこれらを環境とした場合，言い換えればこれらとかかわりをもったとすれば，好ましくない状況に

なるであろう．そうした状況を指して「自然災害」と呼んでいる．

　ここで環境教育にとって大切な「環境」や「環境問題」という言葉の意味を再確認するために，「自然的事象」「自然的環境」「自然災害」の関係について説明しておこう．2011年3月11日に起こった地震（東北地方太平洋沖地震）自体は自然的事象であり，自然的環境ではない．それとかかわりをもった人々にとっては「自然的環境」となり，それによって被害を蒙った状況（東日本大震災）が「自然災害」である．同様に1995年1月17日に起こった「兵庫県南部地震」という自然的事象によって「阪神淡路大震災」という「自然災害」がもたらされたのである．しかし，ここに取り上げた二つの「災害」には「原発」や「都市化」など科学文明下での「人為的事象」が大きくかかわっており，「人災」の部分を伴った「自然災害」であることを認識しておく必要がある．

　理科教育や環境教育の視点から自然災害の学習のあり方を検討している藤岡達也は，東日本大震災前から自然景観と自然災害を捉え直すことによって自然のすばらしさと恐ろしさという二面性を再認識することの大切さを指摘していた(*7)が，震災後，その二面性を取り扱った防災教育のあり方や実践事例をまとめた著書(*8)，さらには学校における防災教育に関する著書(*9)を公にして，それらを通して「地域で過去に生じた自然災害を知ること」「現在の地域の自然環境を理解すること」がこの教育の基本であると述べている．ともすると「How to〜」の段階に終わりがちな各種の「安全教育」のあり方に大切な示唆を与えている．

　なお，自然のもつ二面性に関連して，「自然」学習（自然保護教育を含む）関連の人たちによるシンポジウムで村上紗央里と筆者もレイチェル・カーソンの思想を事例に「自然」学習のあり方を報告した(*10)．

疾病

　自然的事象の中には生物学（医学・農学）的分野が扱うものも多く見られる．そうした事象で人類が脅かされるものとしてさまざまな病原生物（ウイルスを含めて）の存在がある．この場合も病原生物自体は人間とかかわりをもったときにその人にとっての「環境」になり，その「かかわり」が好ましくないとき，はじめて「環境問題」（疾病）になる．

人類史には，しばしば伝染病の大流行が起こったことが記録されている．たとえば，19世紀はじめインドに発生したコレラは朝鮮を経由し，1822 (文政5) 年はじめて日本で流行しているし，1858 (安政5) 年には長崎をきっかけに大坂，江戸などの都会をはじめ，東北地方にまで及ぶ大流行をもたらしている (*11)．まだ，細菌学などの近代医学によってコレラ菌の存在が知られていないころ，人々はどのような対策を立てたのかなどを学び，現在のそれと比較することによって「自然災害」の場合と同様，現代文明評価の参考にする (*12)．

3.2.2 「科学文明登場以後の人為的環境」に関する学習

次に科学文明が登場して以後，人間環境はどのように変化したか，また，その変化にはどのような特徴があるかなどを主として人為的環境を事例にして検討し，その学習のあり方を考えてみよう．前項と同様，ここでも以下の項目は「学習内容」を示している．

（1）科学技術的環境

科学文明登場以後において人為的環境で大きな位置を占めているのが「科学技術的環境」である．そのことは「科学技術」関連のものが私たちの生活に広く，深くかかわりをもって存在していることからうなずかれるであろう．ここで筆者が使用する「科学技術」という言葉は，第1章でも述べたように「科学的技術」（科学的知識を活用して開発された技術）という意味である．なお，「科学」自体もその「思考方法」や「知識」などが人々に影響を与えており，人為的環境の仲間として重要な位置を占めている．

さて，第1章〈1.3〉で科学技術が人間環境に与えた影響について「大気」「水」「食」「情報」を事例にその概略を紹介した．その場合，それぞれの環境に対する科学技術のマイナス面が主な内容となった．ここでは視点を変えて，日々の生活にかかわりあう科学技術と利用者である人間との関係で検討してみよう．

もともと技術を具現する際に使われる道具は人間がもつ肉体的能力（視力・聴力・運動力など）の限界を補うという役割を担って登場したものであり，そ

の後の簡単な機械やさらに現代の科学技術製品（機械，器具など）も同様である．その意味でテレビ，パソコン，自動車，クーラー，調理器具などは便利さや快適さ，肉体的苦痛からの解放などで利用者にとって歓迎されるものである．このことを環境論的にいえば，利用者（個人，集団）が「環境主体」，そこで使われる科学技術はその主体にとっての「環境」（科学技術的環境）であり，「歓迎」する彼らにとっては「環境改善」ということになる．

こうした「環境改善」で科学文明以前と以後での違いに大きな影響を与えている技術として「石油化学技術」を挙げることができる．この技術は石油を原料として，これまで自然界には存在しなかったさまざまな合成化学物質をつくりだし，衣類や家具など「物的豊かさ」を人々に提供してくれている．

しかし，同じ科学技術でも環境主体によっては必ずしも「環境改善」にならない場合がある．先に紹介した「大気環境の変化」（第1章〈1.3〉）に見られる自動車の排ガスを原因とする「大気汚染」などから理解されるであろう．上に紹介した合成化学物質の場合でも同様である．学習にあたっては科学技術のメリット・デメリットの二面性，そのときの環境主体のことなどに留意して考えることが必要である．

筆者は以前にもいくつかの論文（*13）で，この学習の必要性などについて論じた．大まかには，17世紀に誕生した近代科学の特徴である「要素分析主義」（自然をシステムとして眺めないで，単に部分の集合として捉える考え）の影響で開発された技術は，部分的目的を達成するのには優れていても，他への影響を考慮しないという欠陥をもっており，そこからさまざまな環境問題が生まれた．その意味から「科学」や「科学技術」の「本質」をしっかり認識，理解してほしいというものであった．

（2）社会（経済・政治などを含む）的環境

科学文明の誕生に伴って，人為的環境のうち経済・政治などを含めた社会的環境も大きく変化した．すでに第1章で述べたように，科学文明の誕生には産業革命が重要な役割を果たしている．そこで，ここでは産業革命について環境教育の視点から検討してみよう．

技術史研究者の馬場政孝は産業革命を"技術の質的飛躍を基礎とし，これによる機械制大工業への移行を含む社会経済的変革で，資本主義的生産様式

が確立していった過程"と定義づけている(＊14)が，文中にある「技術の質的飛躍」とは前項でも述べたように道具から機械への進歩と，その機械のための動力装置(蒸気機関)の発明のことである．また社会もそれまでの農業経済社会から工業経済社会へと移行するが，馬場が指摘するようにその枠組みとして資本主義的生産様式が生み出され，社会制度も資本主義社会へと進むことになった．

　さて学習者としてこの産業革命をどう評価するか．その場合，大切なことは前項でも取り上げた「環境主体」という概念の活用である．「環境主体」には企業家(資本家)，工場労働者(多くが農村出身者)，一般市民，農民など多様な立場の人(個人・集団)が想定されるが，それぞれのかかわり方によって，産業革命による「環境変化」への評価は異なったであろう．

　たとえば，産業革命はイギリスの紡績業から始まったといわれるが，その分野では紡績機，織機の登場によって大量生産化が可能になり，一般の人々に安く衣類を提供できるようになった．これは衣類を求める人にとっては「環境改善」であったであろう．しかし，これまで手作業や簡単な道具を用いて衣類を生産・販売していた人たちにとっては販売不振という「環境悪化」になった．また，その工場で働く人にとっては，雇用確保という点では「環境改善」であったかもしれないが，現実には劣悪な労働環境のもとでの雇用だった．そうした人たちによる改善を求める「ラッダイト」(機械打ち壊し)運動(19世紀はじめ)が起こっている．

　その後，20世紀から21世紀にかけて技術革新が進み，それに伴って社会(経済・政治)的環境も大きく変化してきている．特に最近における情報技術の発達の影響は顕著である．本来，情報技術の発達という内容は前項の科学技術的環境に含めて検討すべきものであるが，ここではその情報技術もかかわって社会(経済・政治)的環境がグローバル化(グローバリゼーション)している点に注目し，そのことのメリット・デメリットを環境論的視点から学習してほしいと考えた．

(3) 現代都市環境

　もう一つ科学文明期における人為的環境として取り上げておきたい学習内容が「都市」である．「都市」自体は文明の誕生とともにつくられた人間の生

活の「場」(ハード面だけでなく，ソフト面も含めた)であるが，科学技術が深くかかわるようになった「現代都市」とそれまでの「都市」とでは，それぞれに含まれる人為的環境が大きく異なっている．たとえば江戸と現在の東京とを比較してみる．衣・食・住や，情報交換・交通・運輸の方法など，生活，経済，政治などいろいろな分野での違いを見出すことができるであろう．その上で「循環」などのキー・コンセプトや「持続可能性」という概念を物指しにして両者の環境論的評価を行い，それを参考にして，より望ましい「都市」のあり方を論じあう．

　生態学者の沼田眞によれば，半谷高久らが都市を一つの巨大な生き物と考え，都市の健全な発達のためには都市における物質やエネルギーのスムーズな流れが必要であると論じたという(*15)．これは都市生態系といわれる考えであり，そこには物質の「循環」という視点が含まれている．ただし，都市生態系は自然生態系や農業生態系に比べ，「閉鎖系」の度合いは小さく，逆に「開放系」のそれは大きい．原料や製品などとして他の地域(都市や農村，鉱山など)との物質のやりとりが見られるからである．また，使用済み製品の廃棄処理が「循環」を妨げることが多い．最近ではリサイクル技術も進みつつあるが，まだ課題が山積している．それに比べて100万の人口を抱えた江戸で絶妙なリサイクルで紙の需要をまかない森林の保全に努めたという．近年では環境論の立場から江戸という都市の生活が見直されている(*16)．

　その江戸が「発展」した東京を含めて巨大化した都市が中国，インド，アメリカ，メキシコなど世界の各地に見られるが，こうした状況は環境論的にはどのように評価できるであろうか．この場合でも生活の便利さ，効率さを求めて歓迎する人，人口密集による問題(住宅難，災害時の被害の拡大など)などから歓迎しない人というように「環境主体」によって評価は異なるであろう．

　しかし，都市のあり方という課題は個人レベルに任せるようなものではない．また，都市で生活していないから関心をもつ必要もないという問題でもない．グローバル化した現在，国内ばかりでなく，国際的にも経済，政治などを通して都市も農村(山村，漁村も含めた)も密接なつながりをもつようになっており，都市での変化が農村などに影響を与えている．そうした意味からも「現代都市」の学習は不可欠である．

政治思想の研究者土井淑平は都市のあり方を検討する上で"エコロジーがわたしたちに伝える貴重なメッセージは，さまざまな要素の間には自ずからなる均衡があり，何事にも適正な規模というものがあるということ"と述べ，都市機能の分散，生産単位や就業機会の分散を提案していた(＊17)．この提言の中にはキー・コンセプトとして紹介した「バランス」「有限性」などが含まれており，学習にあたって参考にする価値が高い．

(4) 人為的事象に起因する人間環境問題

最後に人為的事象(人間活動)がもたらした環境問題を学習内容項目として取り上げておく．すでに「循環」や「多様性」などのキー・コンセプトの解説をする際に，具体的事例として「ゴミ」問題や熱帯林の破壊問題などを紹介した．また，〈3.3〉で紹介する筆者の環境教育体系化の図7には，「環境問題」として「自然破壊」「大気・水質汚染」「酸性雨」「オゾン層破壊」「温暖化」「資源・エネルギー枯渇問題」「ゴミ問題」「食品汚染」「化学汚染」「健康問題」「人口過剰・食料不足」「人権問題」「ジェンダー問題」「戦争と平和」「貧困」という言葉を並べてある．これらはほとんど人為的事象に起因する環境問題であり，学習項目としても取り上げてほしいものである．

ここではスペースの関係で，この中から二つを取り出し環境教育の視点から検討してみよう．

オゾン層の破壊

まずは，一つは地球規模の環境問題の事例から．1980年代中ごろ，太陽から降り注ぐ紫外線を吸収し，地球上の生物をその被害から守る役割を果たしているオゾン層(成層圏中)のオゾン濃度が減少している区域(オゾンホール)があることが南極上空で観測された．その原因がフロンガスという合成化学物質によるオゾン分子の破壊であることがわかり，1987年にその使用規制が国際的に取り決められた．フロンガスは1930年代に合成されたのだが，無害で便利に使用でき，安価に入手することができるので人々に歓迎され，1980年代には冷却剤，発泡剤，噴射剤，洗浄剤などとして盛んに使用された．

最近では地球規模の環境問題として「地球温暖化」が注目される傾向があり，「オゾン層の破壊」への関心が薄くなっているように筆者には思えるが，

現在でも南極上空をはじめ，成層圏でのオゾン濃度の減少は顕著のようである（*18）．

さて，この事例からどのような学習の視点が浮かび上がるだろうか．それは「科学技術的環境」で述べた科学技術の開発・実用化にあたっての欠陥（開発目的に目がいき，他への影響を考えない）の問題である．ただ，この事例では開発当時には地球規模の環境問題になることは想像できなかったであろう．フロンガスはアメリカなどで電気冷蔵庫の冷却剤として使用されていた刺激臭の強いアンモニアに代わる無害で無臭の気体として求められたものであり，当時の使用量では問題視されなかったのであろう．

アンモニアの悪臭に悩まされていた当時の冷蔵庫利用者にとってフロンガスは「環境改善」をもたらす物質であったが，数十年の歳月を経た現在，大きな環境問題を生み出す物質として私たちとかかわりをもつことになった．学習にあたってはこうした時間的要因も含めて検討する必要がある．

資源・エネルギーの枯渇

もう一つは身近な生活と深く結びついており，また2011年3月11日に起こった原発事故をきっかけに検討を迫られている「資源・エネルギー枯渇問題」．科学文明社会以前でも生活に必要な資源やエネルギーが不足して問題を感じた人々は存在したであろうが，大量生産，大量消費の科学文明社会ではそれが顕著になり環境問題の一つとして取り上げられており，その対策として再生可能な資源やエネルギーの開発が検討されてきている．その意味から，ここでも環境教育の学習内容として検討しておく必要があるだろう．

科学文明を指して「石油文明」ということがあるように，現代社会には石油を原材料にしたさまざまな製品が見られている．すでに述べたように石油化学技術の進歩によるものであるが，石油・石炭などは地下に埋蔵されているものであり，いつかは枯渇することは明らかである．また，科学文明は「電気文明」と称されることもある．人間の活動を支えるエネルギーの中で電気エネルギーが大きな割合を占めているからである．その電気エネルギーも石油・石炭などが使われ，その「有限性」が指摘されてきており，そこから「資源・エネルギーの枯渇」という言葉が使われるようになったのであろう．

この問題を環境教育的視点から検討する場合，例の「循環」「有限性」など

のキー・コンセプトや「持続可能性」などを物指しにされるであろうが，エネルギー問題に関して，かつてイギリスの物理学者が語った言葉"バターを電気ノコギリで切るような生活"(＊19)も一つの物指しにされることを期待する．彼はエネルギーを生み出す過程で環境を悪化させる方法を「ハード・エネルギー・パス」，また環境にやさしい方法を「ソフト・エネルギー・パス」と呼び，原子力，火力などを前者に，そして自然エネルギーを後者に分類し，先の言葉のような生活からの脱却によって原発を使わない社会が生まれると論じた (1979 年)．今，私たちはその言葉を再度吟味するときに立っているのである．

3.3 環境教育体系化の試み

環境教育の体系化に関してこれまでにいくつかの試みが見られてきているが，ここでは筆者なりに二つのレベル，すなわち，一つは環境教育のレベル，もう一つは環境教育とそれに関連する主な教育をも含めたレベル，で検討したものを紹介しよう．

3.3.1 「環境教育」レベルでの体系化

（1）学習内容から見た環境教育の全体像

序章で述べたように，環境教育の体系づくりのために参考にしたのがイギリスで広められていた環境教育に関する三つの構成要素 (① 環境についての教育，② 環境の中で，あるいは環境を用いての教育，③ 環境のための教育) という考えであった．ゲイフォード (＊20) に従ってもう少し解説を加えると，①では環境にかかわる事項に関する知識や理解を深めることを目的とした教育で，その中には価値や態度などに対する知識・理解の深化も含まれる．②は身近な環境を材料に学習者たち自らの直接体験と探究や実験を中心に行うというもの．そして③は学習者が環境または環境にかかわる事柄との関係において，彼らの個人的な責任を学ぶ教育で，現在，未来における環境の開発，利用にあたって継続性，思いやりをもつ上で必要な理解と行動を求めるというものであるという．

3.3 環境教育体系化の試み

```
┌─────────────────────────────────┐
│  望ましいライフスタイル・文明      │
│   （持続可能な社会の構築）         │
│  「エゴ」から「エコ」への意識変革   │
└─────────────────────────────────┘
              ↑
─────────────────────────────────
環境問題解決・未然防止「力」の育成
環境問題についての学習（例：ゴミ問題）
─────────────────────────────────
              ↑
人間環境・現代文明に関する学習
─────────────────────────────────
           （統合）
           ↗     ↖
   ┌──────┐  ┌──────┐
   │自然的環境│  │人為的環境│
   │に関する学習│  │に関する学習│
   │(例：自然 │  │(例：タウン│
   │ 観察会) │  │ウオッチング)│
   └──────┘  └──────┘
        環境の中で（体験学習）
```

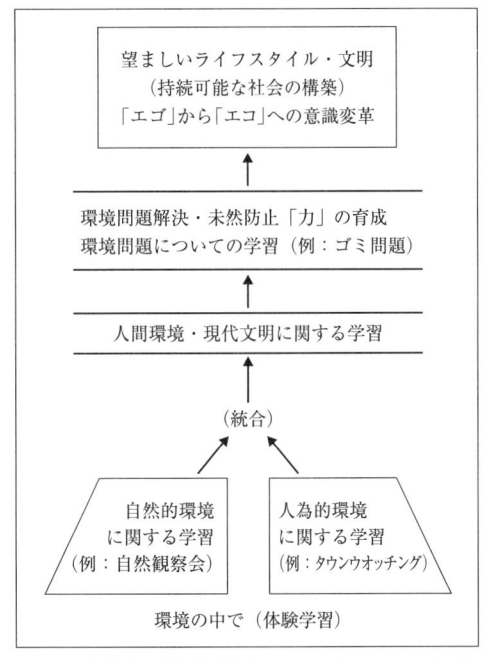

図6 環境教育の全体像（鈴木, 1994および2004を改変）

筆者はここに示された3つの教育のうち,「環境について」と「環境のために」を学習段階に位置づけ,また「環境の中で」をそれらの学習の場・方法として構成し, 1994年に環境教育の全体像を示した（＊21）. ここに示した図6は10年後（2004年）に目標など一部修正して発表したものであるが,基本的構造は元のものと同じである（＊22）.

図の底辺にある「自然的環境に関する学習」と「人為的環境に関する学習」は本章〈3.2〉で取り上げたものであり,学習者はそれぞれについての知識・理解を深め,その上で両者を統合して「人間環境・現代文明に関する」自らのイメージを構築する. すでに序章で述べたことであるが,ここに「人間環境」と「文明」を列記した理由はこれまでの人間環境とライフスタイルの関係についての筆者の立場から理解していただけるであろう.「文明」は人間のライフスタイルの一つの姿であり,学習にあたってはその視点が必要であると考えるからである.

次いで学習段階をのぼると「環境問題解決・未然防止『力』の育成, 環境

問題についての学習」という言葉が記されているが，まずは後者の「環境問題について」の理解と知識の深化が求められる．次いで上に示された「力」を身につけることになるが，イギリスの環境教育に掲げられた「環境のための教育」に通じるものである．こうした学習を通して最終的には図の上部に示した学習目標「望ましいライフスタイル・文明（持続可能な社会の構築）」「『エゴ』から『エコ』への意識変革」を目指すというものである．

また，こうした学習はイギリスの環境教育の②「環境の中での教育」が提言しているように直接体験を重視するという立場を保持するという意味で，今回，この全体像を囲む線内に「体験学習」という文字を挿入した．あくまでも環境教育の全体像を示したものであり，学習者が自分の学習が環境教育全体でどのような位置にあるかを知るためのものである．

3.3.2　環境教育とそれに関連する主な教育を含めた体系化

すでに第2章で筆者は「持続可能な社会」構築のための教育の中核をなすのが環境教育であると述べた．そのことを示したのが図7（*23）であり，環境教育を中央に置き，周囲に環境教育と関連すると考えられる主要な教育を配置し，その間にそれぞれ関連する「環境問題」や「環境教育に関するキー・コンセプト」などを記してある．

以下，こうした体系図が成り立つことを説明しよう．

（1）国際理解教育

まず，図7の左側にある国際理解教育について．国際理解教育は第二次世界大戦終了後，平和を求めるために他国や他民族を理解し，人権を尊重する人々を育てることを目指す教育としてユネスコを中心に開始されたものであり，その推進のために「ユネスコスクール」という組織がつくられ，各国で活動が展開された．その後，1974年のユネスコ総会では「国際理解，国際協力，国際平和，人権，基本的自由についての教育」というように「国際教育」という名のもとに全地球的に人類共通の問題に幅広く取り組む必要性が示され，その教育を「国際教育」と呼ぶことが提案された．以来，各国でその精神を生かした国際理解教育の活動が展開されてきている．日本では1991年

持続可能な社会（Sustainable Society）の構築

[エゴ] から [エコ] へ

共生
循環   関係性
システム
有限性
環境に配慮した技術

世代間・世代内公正
多様性
他者への配慮

自然破壊
大気・水質汚染
酸性雨
オゾン層破壊
温暖化
資源・エネルギー枯渇問題
ゴミ問題
化学汚染

環境教育

戦争と平和
貧困
ジェンダー問題
人権問題
人口過剰・食料不足
健康問題
食品汚染

自然教育
野外教育
科学教育
エネルギー教育
技術教育
STS教育
食農教育・食育
健康教育
消費者教育
家庭教育
社会教育
人権教育
国際理解教育
開発教育
平和教育

（注）□で囲んだ言葉は環境教育を核とした関連教育の体系化（鈴木、2003を改変）
アンダーラインはキー・コンセプト

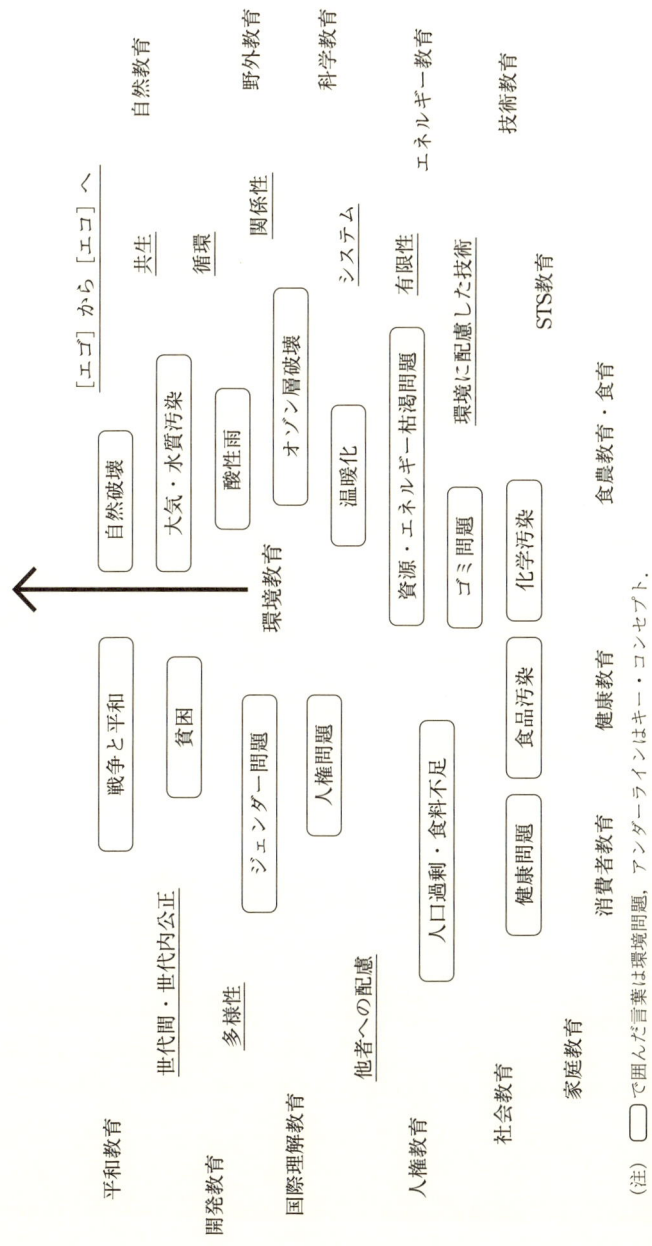

図7 環境教育を核とした関連教育の体系化（鈴木、2003を改変）

に日本国際理解教育学会が設立された．

　では，この「国際理解教育」と「環境教育」の関係をどのように捉えることができるだろうか．図7の「環境教育」と「国際理解教育」の間などに示した「多様性」「共生」「他者への配慮」という言葉は環境教育の目指すキー・コンセプトであるが，これらは国際理解教育が掲げている「異文化の理解」や「異文化の尊重」と重なる．その意味で国際理解教育は環境教育と密接なかかわりをもつ教育であると位置づけることができる．

　この二つの教育の関連性について国際理解教育の研究者の一人佐藤郡衛は国際理解教育の時代区分を述べた文の中で，"この時期（第3期：1974年～80年代）は南北問題や地球規模の環境問題が顕在化し，地球の一体化が強く意識される時期で，国際理解教育の内容に開発教育，環境教育，軍縮教育などが新しくつけ加えられた"とか，"1980年代になると，日本の国際理解教育は，第一にユネスコの国際理解教育，第二に開発教育，環境教育などの「新しい」国際理解教育，そして第三に海外・帰国子女教育など「国際化に対応した教育」の三つが混在した状況になった"(*24)などと環境教育と国際理解教育との関係を表現している．ただ，これらの表現では環境教育が国際理解教育の中に含まれるという印象を与えるのが気になるところである．

　また，はじめに紹介したユネスコを中心に展開された「ユネスコスクール」の活動はしばらく停滞気味であったが，最近ESDの登場とともに，その活動の場として位置づけられる方向にあるようである(*25)．筆者は環境教育をESDの中核として位置づける立場から，「ユネスコスクール」の学習活動にも広く人間環境のあり方という視点を取り入れてほしいと考える．

（2）開発教育

　次に前項にも登場した開発教育について．開発教育とは工業先進国と発展途上国間のさまざまな格差から生まれる貧困や飢餓などの問題，いわゆる「南北問題」や国際協力のあり方を理解し，解決する力を育てる教育であるといわれている．その起源は1960年代欧米の青年たちによって始められた発展途上国の人々を支援する活動であるが，開発教育の研究者田中治彦によれば，1970年代半ばには南北格差の原因が先進国側にもあるという認識が広がり，開発教育の目標が"南側の「貧しく気の毒な人々」の理解と援助という観点

でなく，南側の人々が直面している低開発の状況を歴史的・構造的に理解し，その原因を追究し，さらにその責任はしばしば先進工業国の側にあるという認識に立って，問題解決に向けての相互連帯・協力への関心や態度を養うこと"へと変化したという(*26).

その後，1990年代後半になり，"私たちひとりひとりが，開発を巡るさまざまな問題を理解し，望ましい開発のあり方を考え，共に生きることのできる公正な地球社会づくりに参加することをねらいとした教育活動である"という定義のもと，① 開発を考える前提として人間の尊厳性の尊重と文化の多様性の理解，② 地球社会に見られる貧困や格差の現状認識と原因の理解，③ 開発と環境破壊など地球的諸課題との関連の理解，④ 世界のつながりの構造の理解と開発を巡る問題と自分たちとの深いかかわりに気づくこと，⑤ 開発を巡る問題の克服のための努力，試みを知り，参加できる能力と態度の育成，という5つの目標が置かれた(*27).

この開発教育と環境教育の関係を見ると，国際理解教育と同様，かなりの部分で両者が重なりをもっていることが知られる．たとえば，途上国側に見られる「貧困」は，途上国の国内外における政治・経済など社会的環境に起因する環境問題であり，「飢餓」も異常な気候など自然的環境の要素もあるが，多くは社会的環境に起因する「食環境問題」である．そのような視点で捉えると，環境教育の扱う重要な学習内容である．

(3) 人権教育

三つめは国際理解教育でも取り上げられた「人権」に関する教育．人権教育とは人権を尊重するための知識，技術，態度などを培うことを目指した教育であるが，そのためには「人権とは何か」に関しての共通理解が必要である．「人権」に関する考えは時代により，国によって異なっていたし，現在でもその傾向は残っているが，1948年国連によって出された「世界人権宣言」を基盤に国際的な協調が見られるようになった．

この「世界人権宣言」は「人類社会のすべての構成員の固有の尊厳と平等で譲ることのできない権利とを承認すること」などを記した「前文」と30の条文からなり，「基本的自由権」（身体の自由，拷問・奴隷の禁止，思想・表現の自由など）や「社会権」（教育を受ける権利，人間らしく生活する権利,

労働者が団結する権利）などが示された．しかし，「宣言」では法的拘束力がないので，国連では1966年「国際人権規約」を制定した．以後，人種差別撤廃条約，子どもの権利条約など人権に関する条約が数多く採択され，1980年代までに20を超える人権条約が生まれたという (*28)．

　問題はそうした人権関連の条約の実効性である．実効性を高める方法の一つが「人権」に関する教育活動である．国連では1995年から「人権教育のための国連10年」として各国でその実施を求めた．その結果，日本では「人権教育及び人権啓発の推進に関する法律」（2000年）が制定され，以後，それに基づき学校教育や社会教育などで実施されている．

　ここで人権教育と環境教育の関連を考えてみよう．上に紹介したさまざまな「人権」，たとえば，「社会権」の一つである「教育権」が侵害されたらどうであろうか．それは当事者にとって「教育的環境」の悪化であり，そこから波及して生活環境，社会環境などに大きな影響がもたらされる可能性がある．まさに環境問題であり，環境教育でも取り上げる重要なテーマの一つである．

　社会科教育の立場から環境教育を研究している山本友和は"人権侵害の事例を環境問題と関わらせて取り上げれば，そのまま環境教育実践となり得る．……（中略）……人間が人間らしい環境で生きていく権利（生存権）を中核に据え，開発や経済的自由（自由権）との両立のあり方を考察した上で，国際的な人権観（地球的規模での環境問題）へと発展させていくという指導計画によって，人権教育と環境教育は深く結びつく"(*29)と述べている．筆者から見れば「人権問題」は当事者にとってはまさに「環境問題」であると考えているので，当然環境教育の扱う内容である．

（4）平和教育

　図7の左側に並ぶ教育の最上位に記されているのが平和教育である．人によってこの教育が取り上げる範囲の解釈に違いがありそうである．たとえば，「戦争の愚かしさ，平和・人権の尊さを人々に伝え，戦争に反対し，平和・人権を守る行動への自覚を人々の間に育てるための一切の行動」というように「戦争」を中心にしたもの (*30) がある一方で，平和教育の多様性を認め，それらを ①「争わない文化・態度」を育成する平和教育（原爆被災の実相，戦

争放棄など），②「助け合いと思いやりの文化・態度」を育成する平和教育（途上国の貧困，差別，人権，平等など），③「自然に対してやさしい文化・態度」を育成する平和教育（自然破壊，エネルギー源〈原発問題〉，科学技術，エコロジーなど），④「歴史から学ぶ文化・態度」を育成する平和教育（ナショナリズム，歴史認識，異文化理解など）の4つのカテゴリーにまとめているものもある（*31）．

平和教育はユネスコ憲章（1946年）の前文に示された「戦争は人の心の中で生れるものであるから，人の心の中に平和のとりでを築かなければならない」という言葉を受けて始まったものである．したがって，林智の定義のように「戦争」に焦点を当てた学習が最重要視される必要がある．しかし，時代の流れとともに岡本三夫が整理したような戦争以外の「争い」が注目されるようになり，それらも平和教育の学習対象となった．

その平和教育と環境教育の関連であるが，林は先の文献（*32）で，現代の人間社会に見られる危機には「急性の危機」と「慢性の危機」という二つの顔があるとし，前者が戦争であり，それに対応する教育が「平和教育」，後者は環境問題であり，それに対応するのが「環境教育」であると述べていた．そして両者がまったく別々の人々によって担われているように見える状況を好ましいものではないとも指摘していた．筆者は「戦争」は人類にとって最大級の「環境問題」であると認識しているので，林の指摘に賛同する．いっぽう，岡本の各カテゴリーに示されている事柄も，いずれも環境教育が対応しうるものである．

（5）自然科学・技術系などの教育

さて，少し視点を変えて図7の右側に並んでいる教育名を眺めてみよう．

自然教育・野外教育

このうち，「自然教育」「野外教育」はいずれも人間環境の基礎である自然的事象に関する学習活動である．すなわち，前者は自然的事象に親しみ，それを知ることを目指しており，後者はその自然的事象を学習の場としている．いずれの学習においても，自然的事象を直接体験することによって，環境教育の第一歩ともいわれる「環境への感受性」を獲得する機会となっている．

なお，1997年に日本野外教育学会が設立されており，その設立趣旨では「野外教育を学際領域として位置づけ，自然・人・体験の3つのキーワードを柱とする」とした上で，学会の構成員としては野外活動，自然体験，環境教育などの実践者・研究者を期待しているものであった．

科学教育・技術教育・STS教育

次いで「科学教育」であるが，ここでも自然的事象についての認識を深めることを目指すという点で「自然教育」「野外教育」と同様，環境教育とのつながりがある．これらの学習を通して図に示した「共生」「循環」「関係性」「システム」「有限性」などの環境教育にとってのキー・コンセプトを理解することが期待される．また「科学教育」は「技術教育」とともに現代の科学文明の重要な要素である「科学技術」についての知識の習得という役割を担っているが，それとともに「環境に配慮した技術」という視点で「科学技術のあり方」を検討する上でも欠くことのできない教育活動である．近年では，その「科学(S)」「技術(T)」「社会(S)」の関連性を考える学問として「STS研究」があり，その成果を生かした「STS教育」も見られている（*33）．STS教育に関しては第5章で学習の展開例を示す予定である．

（6）社会科学・生活科学系などの教育

最後に図7の下側にある教育群について検討してみよう．

社会教育

まず，「社会教育」であるが，これは大まかには「社会において行われる教育」，日本では「学校教育法で定められた学校教育を除いた社会での教育」という意味であり，先に取り上げた「自然教育」が「自然的環境に関する学習」の場として環境教育とかかわりをもつというのとは異なり，「社会教育」が環境教育の中の「社会的環境に関する学習」の場になるとは限らない．しかし，「社会教育」の場として存在する「博物館」「科学館」「動物園」「植物園」「水族館」などにおいてはすでに環境教育の学習がいろいろな形で実践されており，さらに学習内容に「人間環境」に関連する事柄，特に学校教育ではできにくいものを可能な限り取り入れることによって，環境教育の充実を図るこ

とが期待される．

家庭教育

次の「家庭教育」は「家庭で行われる教育」とか「家庭での親権者またはこれに代わる者による子どもの教育」，さらに「子どもが健全な身体と人格に育つように援助する家庭の営み」などといわれるものであり，定義に幅がある．「家庭」を環境教育という視点で捉えると「家庭環境」という人為的環境に関する学習が考えられるが，上に紹介した「社会教育」の場合と同様，「家庭教育」において「環境教育」が実施される保証はない．しかし，この教育に携わる親などが「環境」に関する知識や意識をもつことによって子どもたちが育つ「環境」のあるべき姿などを考える機会となるし，それを通して子どもたちへの環境教育が実施されることが期待できる．

消費者教育

現代社会では，ほとんどの人は他の人がかかわる企業や個人などが「生産」する物やサービスを受けて生活（「消費」という）している．このような立場の人を指して「消費者」と呼んでいるが，この「生産」と「消費」の間でさまざまな問題（「消費者問題」という）が生じたことをきっかけに消費生活のあり方を考える上で必要な知識を獲得して，主体的に価値判断し，行動できる能力や態度をもった消費者を育てることを目指して生まれた教育が消費者教育である．

2012年に消費者教育推進法が成立した．この法律について消費者教育の研究者西村隆男は，まず消費者教育の定義「消費者の自立を支援するために行なわれる消費生活に関する教育及びこれに準ずる啓発活動」を紹介したあと，その理念として，"みずからの生活防衛のための知識習得やその実践的能力を養うのみならず，他者への配慮や社会経済への影響力の行使，環境保全への行動など，世代を超えて将来社会のための視野を広げた消費者力を育成することを目標に掲げていることに注目したい"(*34)と述べている．ここには「他者への配慮」や「環境保全」など環境教育にかかわる事柄も含まれており，環境教育と消費者教育とのかかわりの一端を示している．同じく消費者教育，環境教育の研究者である松葉口玲子は両者の共通点として人権，生存

権の問題とつながった「基本的人権」としての教育などを挙げ，従来の価値観を変え，ライフスタイルを見直す上で消費者教育が有効であるとも論じている（*35）．これは環境教育をライフスタイル見直しの教育と主張する筆者の考えに結びつき，両者の関係の深さを示すものである．

健康教育

健康教育についての定義も幅がある．その中でかなり隔たりのある二つの定義を紹介してみよう．宮坂忠夫らの著書（*36）によれば「個人，家族，集団または地域が直面している健康問題を解決するにあたって，自ら必要な知識を獲得して，必要な意思決定ができるように，そして直面している問題に自ら積極的に取り組む実行力を身につけることができるように援助することである」という．また，江尻美穂子は「健康教育とは，人間の生き方について考えさせ，自分および世界のすべての人々の生命の質（Quality of Life）の向上をめざすもの」（*37）と述べている．実は前者の定義中にある「健康問題」を「環境問題」に置き換えると環境教育の定義になるし，後者はまさに筆者が主張する「環境教育はライフスタイルの問い直し」につながる考えである．

食農教育・食育

「食農教育」は「食」の生産段階（農業・漁業など）と消費段階が乖離し，教育においてもそれが反映され，農業教育と家庭科教育の連携が見られず，子どもたちの「食」に関する知識もばらばらであることが危惧され，両者を一体化することを目指して1990年ごろから民間団体（農山漁村文化協会）によって提唱されたものである．その後，農林水産省も力を入れるようになり，「食農教育」という言葉も一般化された．その後，消費段階にかかわる厚生労働省なども参加して，人々の健全な食生活のあり方を自らの力で考えられる人々を育てることを目指した「食育」が登場することになる．

すでに述べているように「食」は人間にとって重要な環境要因（要素）であると考える筆者の立場からすれば，まさに食農教育・食育はいずれも環境教育と密接なかかわりをもつものである．筆者はさらに「食」にかかわる事象を広く捉えて「食環境教育」という教育を提唱している（*38）．この「食環境教育」の展開に関しても第5章で取り上げる．

以上，環境教育とそれを取り巻く教育群との関係について検討してみた．もちろん，それぞれの教育を中心とした同様の関連図を描くことも可能であるだろう．それらとの比較検討を通して，より優れた関連図がつくられることを期待している．

引用文献

(＊1) 『Connect』Vol. XV, No. 2, 1990 年．
(＊2) 鈴木善次『キー・コンセプトを中心とした環境学習』啓林館，1995 年．
(＊3) 古沢広祐「共生社会システムへの道」共生社会システム学会『共生社会へのみちすじ』「共生社会システム研究」Vol. 1, No. 1, 2007 年, pp. 15-31.
(＊4) 戸田　清「環境正義と現代社会」『環境思想・教育研究』創刊号，環境思想研究会, 2007 年, pp. 4-10.
(＊5) マイケル・カーレ・フィリップ・スパーペンス著，中原秀樹ほか訳『地球共有の論理』日科技連出版社，1999 年．
(＊6) 池田清彦『生物多様性を考える』中央公論新社，2012 年．
(＊7) 藤岡達也編著『環境教育からみた自然災害・自然景観』協同出版，2007 年．
(＊8) 藤岡達也編著『持続可能な社会をつくる防災教育』協同出版，2011 年．
(＊9) 学校防災研究プロジェクトチーム『生きる力をはぐくむ学校防災』協同出版, 2013 年．
(＊10) 村上紗央里・鈴木善次「『自然』学習の再考―3.11 以降のセンス・オブ・ワンダーの捉え直し」『環境教育』Vol. 23, No. 1, 日本環境教育学会，2013 年, pp. 43-49.
(＊11) 鈴木善次『バイオロジー事始―異文化と出会った明治人たち』吉川弘文館，2005 年, pp. 139-151.
(＊12) 宗田　一『健康と病の民俗誌』健友館，1984 年, pp. 133-144.
(＊13) ①鈴木善次『人間環境教育論―生物としてのヒトから科学文明を見る』創元社, 1994 年．②鈴木善次「環境教育の現状と問題」伊東俊太郎編『講座　文明と環境　第 14 巻　環境倫理と環境教育』朝倉書店，1996 年, pp. 148-160.
(＊14) 馬場政孝「産業革命」鈴木善次・馬場政孝著『科学・技術史概論』建帛社，1979 年, pp. 125-160.
(＊15) 沼田　眞『都市の生態学』岩波新書，1987 年．
(＊16) 石川英輔「環境問題で悩まない 100 万都市江戸の社会システム」農山漁村文化協会編『江戸時代にみる日本型環境保全の源流』農文協，2002 年, pp. 17-34.
(＊17) 土井淑平『都市論―その文明史的考察』三一書房，1997 年．
(＊18) 環境省「平成 23 年度オゾン層等の監視結果に関する年次報告書」2012 年 8 月．ネット検索 2012 年 12 月 20 日．

(*19) エイモリー・ロビンス著,室田泰弘・槌屋治紀訳『ソフト・エネルギー・パス』時事通信社,1979年.
(*20) C・ゲイフォード（C. G. Gayford）「イギリスにおける環境教育」沼田 眞監修,佐島群巳・中山和彦編『世界の環境教育』国土社,1993年,pp.185–200.
(*21) 鈴木善次,前出（*13①）.
(*22) 鈴木善次「環境問題の現状と環境教育」関西消費者協会『消費者情報』No. 356,2004年,pp. 2–5.
(*23) 鈴木善次「環境教育の必要性―持続可能な社会の構築に向けて」『環境技術』Vol. 32,No. 6,2003年,pp. 34–38.
(*24) 佐藤郡衛『国際理解教育―多文化共生社会の学校づくり』明石書店,2001年,pp. 20–23.
(*25) 日本ユネスコ国内委員会「ユネスコスクールガイドライン」2012年8月20日.ネット検索 2012年11月23日.
(*26) 田中治彦「開発教育」遠藤克弥監修,坂本辰郎ほか編『新教育事典』勉誠出版,2002年,pp. 352–355.
(*27) 田中治彦,前出（*26）.
(*28) 森 実「人権教育」遠藤克弥監修,坂本辰郎ほか編『新教育事典』勉誠出版,2002年,pp. 366–369.
(*29) 山本友和「人権教育と環境教育」佐島群巳ほか編『環境教育指導事典』国土社,1996年,pp. 98–99.
(*30) 林 智「平和教育と環境教育」佐島群巳ほか編『環境教育指導事典』国土社,1996年,pp. 92–93.
(*31) 岡本三夫「平和教育」遠藤克弥監修,坂本辰郎ほか編『新教育事典』勉誠出版,2002年,pp. 373–377.
(*32) 林 智,前出（*30）.
(*33) 原田智代「STS教育」佐島群巳ほか編『環境教育指導事典』国土社,1996年,pp. 100–101.
(*34) 西村隆男「消費者教育推進法の意義」『消費者法ニュース』第93号,2012年,pp. 5–7.
(*35) 松葉口玲子「消費者教育の動向と展開」川嶋宗継ほか編著『環境教育への招待』ミネルヴァ書房,2002年,pp. 177–183.
(*36) 宮坂忠夫・川田智恵子・吉田 亨編著『最新保健学講座別巻1 健康教育論』メヂカルフレンド社,2007年.
(*37) 江尻美穂子「健康教育と環境教育」佐島群巳ほか編『環境教育指導事典』国土社,1996年,pp. 78–79.
(*38) 鈴木善次「持続可能な社会を築く食環境の学習―現代の食環境教育論」鈴木善次監修,朝岡幸彦ほか編著『食農で教育再生―保育園・学校から社会教育まで』農文協,2007年,pp. 188–194.

第4章
環境教育の実践

　これまでの章では環境教育が登場することになった経緯や背景，また環境教育とはいかなるものであるかなどについて検討してきた．いわば環境教育の基礎的な枠組みを眺めてきた．ここからはその枠組みに基づいて環境教育をどのように実践していくか，そこにはどのような検討すべき課題があるかなどを取り上げる．本章では学習主体，学習環境，学習・実践方法，そして学習の評価などでの課題を探る．

4.1　環境教育の学習主体

　いうまでもなく教育活動ではそれに関係する人間が存在する．学校教育では教員（主として教える立場）と児童・生徒（主として教わる立場）という関係が一般的である．社会教育の場合でも同じような形が多いが，中には共同で学び合うという形もある．では，環境教育ではどうであろうか，またどうあるべきだろうか．ここではそうした課題を検討してみる．

4.1.1　環境教育と環境学習

　これまで環境教育に関連する著書は数多く出版されている．それらのタイトルを見ると「環境教育」「環境学習」二つの表現がある．小学生向けの著書では後者の「環境学習」が多い．筆者は序章で「環境教育」を「環境学習」を含めた意味として扱うと述べた．ここでは，再度この二つの言葉の意味にどのような違いがあるのか，ないのかなどを明らかにしておこう．

（1）「教育」と「学習」

「環境教育」と「環境学習」の違いの有無を検討するためには，そもそも「教育」と「学習」の関係を明確にしておく必要がある．当然，二つの言葉が存在するということは両者に何らかの違いがあるはずである．このようなときには言葉の辞典が手がかりになる．たとえば，『広辞林』では「教育」は①善徳に導くこと，教えて知識を啓発させること．②まだ成熟しない者の身体上および精神上の諸性能を発展させるために，諸種の材料や方法によって，比較的成熟した人が，ある一定の期間，継続して行なう教授的行動．一方，「学習」は①学び習うこと．特に学校などで系統的に勉強すること．②心理学で後天的経験によって，生活体の行動の仕方が持続的な変化を受ける過程．であるとしている(＊1)．このうち，それぞれ単純な定義を採用すると「教育は教えて知識を啓発させること」，「学習は学び習うこと」ということになる．

さて，この二つの定義を比べたとき，前者では「教える側」と「教わる側」が存在するが，後者では「学ぶ側」がいることがわかるだけであり，どのように学ぶかは明らかでない．しばしば，この二つを比較して前者は「他者から教え込まれる」，後者は「自ら学ぶ」という違いを強調する人に出会う．確かにそうした印象をもたれる方が多い．

しかし，「教育」の場合には「教わる側」に「学習」という作業はないのだろうか．「教育」の「教」という漢字を字典で調べてみると会意兼形声文字とあり，その意味は「子どもに対する知識の受け渡し，つまり交流を行なうこと，知識の交流を受ける側からいえば学・効（習う）といい，授ける側からは教という」とある(＊2)．この解釈に基づくと，「教える側」と「教わる側」での交流において「教わる側」は「学ぶ側」になり，そこでは「学習」が行われることになる．その際に「教える側」が強制的な働きかけをするのでなく，学習者の自主性を尊重することによって「教育」と「学習」は結びつくことができるのではないか．筆者が序章で「環境教育」に「環境学習」を含めると述べた意味はこのことを指しているのである．

（2）「環境教育」における「学習」

そこで「環境教育」と「環境学習」の関係を再度検討してみよう．

環境省，文部科学省などが共同で作成した環境教育に関する法律「環境教

育等による環境保全の取組の促進に関する法律」(略称「環境教育等促進法」,2011年に2003年制定の略称「環境教育推進法」を改名改正)では"「環境教育」とは,持続可能な社会の構築を目指して,家庭,学校,職場,地域その他のあらゆる場において,環境と社会,経済及び文化とのつながりその他環境の保全についての理解を深めるために行われる環境の保全に関する教育及び学習をいう"とあり,「教育」と「学習」が列記されているが,法律文全体において「環境学習」という言葉は見られない.したがってその定義づけもない.

　また,1993年に制定され,2012年に最終改正された環境基本法では第25条に"国は,環境の保全に関する教育及び学習の振興並びに環境の保全に関する広報活動の充実により事業者及び国民が環境の保全についての理解を深めるとともにこれらの者の環境の保全に関する活動を行う意欲が増進されるようにするため,必要な措置を講ずるものとする"とあるが,「環境教育」「環境学習」という言葉はいずれもなく,代わりに「教育」「学習」が並列に記されている.

　しかし,地方自治体の環境部門や教育委員会などでは「環境学習」という言葉がよく使われる.たとえば,手元には大阪府の『青少年指導者向け　環境学習ハンドブック　子ども達との環境学習』(*3)という冊子があるし,「長野市環境学習推進会議」「四日市市環境学習センター」「琵琶湖博物館環境学習センター」「静岡県環境学習データバンク」などの言葉がインターネット上に登場する.ただし,静岡県では「環境教育・環境学習」というように両者を列記したパンフレットを発行している(*4).また,岡山県が作成した冊子(*5)のタイトルに「環境学習」という言葉が使われており,その理由として"すべての県民があらゆる場や機会において,自ら学び行動することの必要性・重要性を分かりやすくするため,環境教育と環境学習の総称として環境学習という言葉を使います"と述べている.先に筆者は環境教育に環境学習の意味を含めることを提案したが,ちょうど,その逆である.「教育」には「自ら学ぶ」という意味より「教え込まれる」という印象が一般に強いのだろうか.

　ところで,本項のはじめで子ども向けなどの著書で「環境学習」というタイトルが目につくことを紹介した.それらの内容を見ると読者である子ども

たちが体験を通して環境の大切さを学び，環境保全の活動に取り組むことを期待するというねらいのもとにつくられているもの（*6）や，そうした子どもたちの実践活動を集めたもの（*7）など多様である．いずれにおいても子どもたちの自主的な活動が強調されているが，そのきっかけには教育的要素（教える側の意図など）が存在しているものが多い．先に「教育」と「学習」の結びつけということを述べたが，その具体的姿がここに見られる．

「環境学習」というタイトルのついた著書でも読者対象を子どもたちに限定するのでなく，広く大人たちをも対象としているもの（*8）もあれば，環境学習の実践にかかわる人たちにそのマニュアルを提示しているもの（*9）もある．ちなみにこの二つの著書で「環境教育」と「環境学習」という言葉をどのように扱っているかを調べてみた．前者では「プロローグにかえて」という文のタイトルが「自然との共生をめざす環境教育・環境学習」，またその文中でも何箇所かで「環境教育・環境学習」という言葉が列記されているが，両者の相違についての言及はない．いっぽう，後者では「はじめに」で"環境基本法では環境教育・学習とされていますが，学習する側の主体性を尊重したいという願いから，この本では，法律等引用部分や学校に関する記述を除いて，「環境学習」で統一しています"とその意図を明確にしている．おそらく「環境学習」という言葉を用いている人たちの多くがこの著者のいう「学習する側の主体性」の尊重を考えているのであろう．

環境教育が自分たちのライフスタイルの問い直しであると考えている筆者にとって「学習主体」の「主体性」を尊重するという考えに同意するが，どのようなライフスタイルが望ましいかはそれぞれ個人のもつ価値観がかかわる．その際，異なった価値観のぶつかりあいをどう調整するか．また「教える側」が存在する場合には，ときにはその人の価値観が学習者に押しつけられる可能性もある．そうならないためには「学習」段階での十分な話し合いが必要である．筆者は，環境教育はあくまでも環境「共」育であると考えていたので，そうした方法を採用することを奨めたことがある（*10）．

この「共育」という考えを早くに提唱したものとして筆者の知る限りでは高田研・川島憲志のものがある（*11）．高田らはその「共育」で大切にしている三点として，①主体性（学習者自身がその気になること），②遊び心（プログラムなどが学習者にとって魅力的で楽しく，興味・関心をもてること），

③相互啓発・学習交換（学習者がお互いに刺激しあい，助け合い，学習を深めること）を挙げていた．これは主として幼児や小学生など子どもたちの学習に焦点を当てたものであるが，中学生以上の学習でも大切なことである．

最近ではいろいろな団体などで「環境共育」という言葉が使われている．その一つ京都にある「NPO環境市民」のホームページによれば，この団体では，理事の一人，西村仁志（当時，同志社大学，現在，広島修道大学）の「教え込むのでなく，共に育つという手法を大切にしたいという」考えに学び，教育に「共」の字を使い「共育」と表現したとある（＊12）．まさに筆者が環境教育における学習の意味として捉えていることである．なお，現時点では「持続可能な社会の構築」という大枠での国際的共通認識があり，筆者もそのことに賛成しているので，「共育」が目指すものもそこにつながるものであることを期待している．

4.1.2　学習主体

次に環境教育を学習する人，すなわち「学習主体」を取り上げるが，環境教育が自分たちのライフスタイルを問い直すものであるならば生涯にわたって学習する必要があり，そこには連続性，特に「持続可能な社会の構築」を目指すという点での連続性がある．その意味で環境教育は「生涯学習」として位置づけることができる．この両者の関係について，生涯学習の研究者の立場から，五十嵐牧子は二つの学習でその理念や学習のあり方において共通するものがあるという（＊13）．詳細は本章〈4.3〉「環境教育の学習・実践方法と評価」で紹介するが，いずれも近代化の中で失われつつある人間性を取り戻すための現代的学習活動であるという．ここでは学習主体の生涯における環境教育の「学習」を概観し，そこに含まれる課題を検討してみる．

（1）発達段階と環境教育

人間の生涯は発達状況に応じていくつかの段階に区分されているが，その区分は研究分野などによっていくらか異なっている．生涯学習の研究分野の著書（＊14）の一つでは，この分野の専門家ロバート・J・ハヴィガースト（Robert J. Havighurst, 1900〜1991，アメリカ）による「幼児期，児童期，青

年期，壮年初期，中年期，老年期」という「段階」が紹介されている．これは彼が発達段階ごとに「発達課題」があり，それへの対応の仕方によって人生が豊かになるか，そうでないかという論を提唱したときに用いた区分であるという．

では環境教育の分野ではどうであろうか．早く（1988年）に環境教育の必要性を打ち出した環境庁諮問組織「環境教育懇談会」では「幼児」「児童」「青少年」「成人」「高齢者」という「段階」を設け，それに見合ったきめ細かい体系的な環境教育を生涯学習として推進することを提言した（＊15）．これに関連して環境教育の研究者佐島群巳は「この報告書は，生涯学習における環境教育の視点を明確に示している」と評価し，環境教育の進め方として，家庭・学校・地域社会の教育の連携，住民の相互啓発，発達段階を考慮した教育の体系化，特に幼少期における環境保全意識の体得，環境への感受性，認識力，行動力を育てるための教材開発と指導方法，教科学習における地域の実態を生かした体験学習の工夫などの必要性を指摘していた（＊16）．

同じく環境教育研究者の阿部治はライフステージ（発達段階のこと）を大きく「幼児期」「学齢期」「成人期」の三つの「段階」に区分して，それぞれにおける「学習」を次のように示した（＊17）．すなわち，「幼児期」では，他者（自然と人）に対する豊かな感性と想像力の育成，人間としての基本的な，また環境とのかかわりについての配慮すべき生活習慣の育成．「学齢期」の場合には，人間と自然についての知識・技術の学習，高学年では環境問題を解決するための何らかの行動に参加する力の育成．「成人期」においては環境に負荷をかけない生活の実践と自然と人間にやさしい地域づくりなどにつながる学習と保全活動の実践．これらはあくまでも強調点であり，いずれもそれぞれの段階でも行うべきものであるという．

（2）幼児期における環境教育

そこで，ここでは主として幼児期について検討してみる．「幼児期」とは離乳期の1歳ごろから小学校へ入る6歳までの子どもの時期を指しており，生涯にわたる人間形成の基礎が培われる時期といわれている．その幼児期における環境教育のあり方について，これまでいろいろ議論されてきているが，幼児期の環境教育を研究している井上美智子はそれらの議論を次のように四

つに整理している(*18). 一つめは自然体験を重視する立場で，五感を通して自然の大切さ，生命の尊さなどを知ることができるようにするというもの. 二つめは自然だけでなく，生活体験を含めた幼児の生活全体を環境教育と捉える立場で，その場合には幼児なりに環境に配慮した生活も期待している. 三つめとして，自然体験，生活体験のほかに，消費者教育，道徳教育の側面も含め，みんなと一緒に何かをすることに喜びを感じてもらう「共生体験」を加えるという立場，四つめに保育学の立場から環境認識の発達という視点で幼児自らの気づきを大切にするという保育の基本そのものが環境教育であるという立場が見られるという. その上で井上は幼児期の環境教育は自然とのかかわりだけでなく，それを起点にして生活全体に環境教育的視点を絡めるところまで発展させていかなければならないと指摘している. さらに最近の総説論文(*19)で「幼児期の発達理解を元に，子どもの主体的な遊びを重視しながら，持続可能な社会形成につながる環境観を形成する営み」としてこの時期の環境教育を位置づけている.

筆者は，幼児たちも自然的事象と人為的事象の組み合わさった環境とのかかわりにおいて「生活」しており，両者との「体験」を通して「環境への感性」を培うことが大切であると考えているので井上の指摘に賛同する. 最近，地方自治体などでの幼児期の環境教育のプログラムや実践事例集などが見られるが，兵庫県のものでも「自然体験」(生命の大切さや不思議さに気づく. 自然の大きさ，美しさ，不思議さなどに気づく. 地域の中の自然やそれにかかわる人々に親しみをもつ)と「生活体験」(生活の中で，環境やその変化に気づく. 資源を大切にしようとする)の両者を取り入れている(*20).

さて，問題はこの「段階」での環境教育の「学習主体」である「幼児」の「自ら学ぶ」(主体性・自主性)ということがどこまで保障されるかということである. 次の〈4.2〉の「環境教育の学習環境」にかかわることであるが，この時期の「保育者」(保育園での保育士・栄養士・看護師，幼稚園での教諭，家庭での保護者など幼児の養育に当たる人)の役割が重要になる. 幼児が自発的に活動できる「見守る保育」を提言実施している保育園(*21)や同様の考えのもとで活動している幼稚園(*22)もある.

しかし，家庭ではどうであろうか. その点について今村光章はこれまで家庭における環境教育が看過されてきているが，「環境絵本」という教材を導入

することによってそれを補うことができるのではないかと考え，いくつかの環境に関連する絵本を取り上げ，家庭における環境教材としての可能性を検討し，絵本を通しての環境への関心，親（保育者）とのコミュニケーション，親（保育者）自体の環境への意識の向上など，その有効性を指摘している（＊23）．もちろん，可能な限り「自然体験」や「生活体験」を通しての学習が望ましいが，「環境絵本」は家庭における幼児の環境教育を進める一つの方策として評価しうるものである．ただ，幼児の場合，「環境絵本」の準備などを主体的に行うという点では難しさがある．何らかの形で「保育者」が準備することが必要であろう．このことは「保育園」「幼稚園」でも同様ではないか．

なお，この幼児期の「体験」において，主として触覚，嗅覚，味覚を使うことを重視する，いわゆる「原体験」と呼ばれているものがある．これに関しては本章〈4.3〉で取り上げることにする．

（3）その他の学習主体

では，児童・生徒，学生，社会人などでは「主体性」はどう保障できるだろうか．

児童・生徒の場合，これも次の「学習環境」の課題であるが，学校教育という枠で自ら課題を見つけ，自ら学び，自ら考えるなど「主体性」を尊重した「総合的な学習の時間」（1998年導入決定）が設けられ，小学校から順次，中学校，高校で実施されることになった．筆者はこの「総合的な学習の時間」が目指すもの（主体的学習，地域に根ざした学習テーマの選択など）がまさに環境教育の考えに通じることから，各教科や特別活動などで行われてきている学校での環境に関する学習を総合的に捉える「場」として活用されるよう教員研修会や関連雑誌などで奨めてきた（＊24）．また，「総合的な学習の時間」を積極的に活用しているいくつかの学校に伺い，その様子を見せていただいた（＊25）．最近になって「学力」低下などが「ゆとり教育」の結果であるとして「総合的な学習の時間」数が削減されたが，「ゆとり教育」と「主体性」を尊重してきた「総合的な学習の時間」における学習の混同を残念に思う．あとで取り上げる「学力とは何か」という視点からも課題が残る（＊26）．もちろん，この「時間」が主体性を重視するとはいえ，教師の適切な助言や保護者や地域の人たちとの連携が必要である．

「学生」や「社会人」の場合で主体的・積極的に環境に関する学習やその保全活動にかかわっている人々に出会うことがある．それが幼児期や児童・生徒期における学習の影響かどうか興味あるところである．最近，そうした視点での研究（*27，*28）も見られるが，なかなか因果関係を実証するのは難しい状況である．社会人になってから自治体や消費者団体などが開いた環境に関する講演会や研修会などに参加したことがきっかけで，環境に関する活動に積極的になったという話を何人かの人から聞いたこともある．

学習効果のチェックの時期や方法に工夫が必要である．

4.2 環境教育の学習環境

次に環境教育を実施する上で検討しておきたいのが「学習環境」である．この「学習環境」として考えられるものには，〈4.1〉で取り上げた幼児期での「保育者」や児童・生徒期における「教師」や地域の人など，いわゆる「人的環境」があり，また「学習」の機会を提供してくれる「教育システム・制度」，博物館や動物園など環境に関する「学習」の場となる「施設」などがある．さらに，重要なことは学習活動を実施する上での「資金」の問題もある．本来，これらはお互いに関連づけて検討すべきものであるが，ここではそれぞれにおける概況と主要な課題を取り上げ，必要に応じて他に言及することにする．

4.2.1 学習環境のシステム・制度的側面

環境教育を推進するための法律としては教育基本法，環境基本法，環境教育等促進法などがある．ここでは，そのことを前提にして環境教育が実施されている，あるいはその可能性がある「教育システム・制度」について，大きく学校教育法に基づき設置運営されているもの，それ以外のものに分け，順次取り上げる．

（1）学校教育での状況と課題

学校教育（「学校教育法」に基づく教育．幼稚園，小・中・高校，高専，各

種専門学校，大学などでの教育）のうち，早くから環境教育の推進が目指されたのが小・中・高校生を対象とするものであり，文部省（当時）は「環境教育指導資料」（中・高校用：1991 年，小学校用：1992 年，2007 年改正）を作成し，「環境科」という新たな教科を設置するのでなく，各教科，特別教育活動などで実践するという方針を示した．これを受けて各地方自治体の教育委員会は環境教育基本方針・計画の策定，研究指定校の設置，教員研修会の開催，参考冊子の作成などを進めた．筆者はいくつかの自治体におけるこうした活動にかかわり，研究指定校などでの実践も見学した経験から，全校が一体となって取り組むことが自らのライフスタイルのあり方を問い直すという環境教育の理念から望ましいという思いを強くした．

「環境科」という独立の教科設置の是非については環境教育の研究者の間でも議論のあるところ（*29）で，筆者は「総合的な学習の時間」がそれに代わりうるものとして提唱したことがある．確かに賛成論者のいうように各教科に任せるのでは環境教育が実施されるという保証もないし，たとえ実施されたとしても，ばらばらな状態では総合性のある「環境」を十分学習できるとも限らない．いっぽうで教科担任制の中・高校では「環境」に関する学習をすべて「環境科」の教員に「任せてしまう」という状況が生まれる可能性がある．そのことを筆者は心配し，どの教科でも行い，それを「総合的な学習の時間」で「総合的」に学習するのが望ましいと考えたのである（*30）．

次に高専や大学では特に環境教育に関する明確な履修規則はないようである．それぞれの教員が主体的に環境関連の講義や実習などを行っている．すでに序章で述べたように筆者も当時，教養課程に設けられた「総合科目」で「人間環境論」という講義を行った（*31）．その中で科学文明問い直しに役立つ内容を取り上げたが，そうした対応をシステムとしても，これからの高専や大学の教育に期待したい．

最後に「幼稚園」について．現在幼稚園では「領域環境」というものが設けられている．この「領域環境」と環境教育との関係はどうなのだろうか．井上はこの関係について，教育学用語としての「環境」と環境教育での「環境」では必ずしもその概念が重ならないので，単純に「領域環境」を環境に関する学習の「場」とするのには議論の余地があると論じている（*32）．

「幼稚園教育要領」（2008 年改訂）の五領域（「健康」「人間関係」「環境」「言

葉」「表現」)の中の「環境」を見ると「周囲の様々な環境に好奇心や探究心をもってかかわり，それらを生活に取り入れていこうとする力を養う」という言葉について，①「身近な環境に親しみ，自然と触れ合う中で様々な事象に興味や関心をもつ」，②「身近な環境に自分からかかわり，発見を楽しんだり，考えたりし，それを生活に取り入れようとする」，③「身近な事象を見たり，考えたり，扱ったりする中で，物の性質や数量，文字などに対する感覚を豊かにする」という三つの「ねらい」が示されている．筆者には幼児期における「感受性」の育成という視点で考えると環境教育システムの一つとして適切なものであるように思われる．なお，その他の「領域」も筆者から見るとすべて人間環境にかかわることであり，その意味では幼稚園教育はすべて環境教育の基礎であるといえる．

（2）学校教育以外での状況と課題

環境教育に関連したシステム・制度としては，国の機関では文部科学省の他に環境省，国土交通省，厚生労働省などのものがある．その中で早くから組織してきたのは環境省（環境庁時代から）であり，各自治体の環境行政とも連携を図りながら環境教育のシステムづくりに取り組んできている．

その一つ「こどもエコクラブ」事業（1995〜2010年，2011年より日本環境協会の事業となった）は小学生を中心に中学生，ときには高校生，逆に幼児も参加し，地域の環境について主体的に学習するクラブで，そのホームページによれば「子どもたちの環境保全活動や環境学習を支援することにより，子どもたちが人と環境の関わりについて幅広い理解を深め，自然を大切に思う心や，環境問題解決に自ら考え行動する力を育成し，地域の環境保全活動の環を広げることを目的」(*33)としたものである．

環境庁（当時）がこの事業を立ち上げるとき，そのモデルとなった西宮市の環境行政の方と環境庁の担当者とお会いし，この趣旨に賛同の意を述べたことを思い出すが，現在（2013年1月）全国で2200余りのクラブ，10万人ほどの子どもたちが活動しているという．

地方自治体では教育委員会の社会教育関連の講演会，研修会でも環境に関連する内容が取り上げられることがあり，また，民間では企業，環境NPOなどで環境に関する学習を組織的に行っているところもあり，これらも環境

教育システム・制度を補うものとして期待される．以上，大きく学校，学校外に分けて紹介したが，本来環境教育ではこれらを統合したシステムが必要である．そうした視点から地域を単位にした環境教育システムの提案なども行われている．

BOX3: 地域の環境教育システムづくりを目指して

　筆者の手元に『プラットフォーム　環境教育』（東信堂，2007 年）という本がある．編著者の石川聡子さんからいただいたもの．石川さんは大阪教育大学の理科教育講座に所属され，理科教育や科学教育はもとより，それらを基盤に環境教育やSTS教育などの研究・教育に励んできておられる方である．筆者はこの本のタイトルにある「プラットフォーム」という言葉に興味をもった．この言葉で筆者がすぐ思い出すのは駅のそれ．では環境教育の場合はどのようなことなのだろうか．そこで石川さんに聞いてみた．

　石川さんによれば，「環境教育のプラットフォームという着想は，環境教育を社会のシステムとして描くときに必要だった．環境について学んだり活動したりする場面には，人や情報，モノ，お金などの資源が何らか集まったり出入りしたり，やりとりされる拠点すなわちプラットフォームがあると考えた」そうである．

　では，そもそも「環境教育を社会のシステムとして描く」とはどういうことなのか，またなぜそう描こうと考えたのだろうか．それには石川さんが瀬戸内海沿岸の町で過ごした小学校のころ「雨ざらしにした自転車の車体が錆びたり，食卓に出された煮魚が油臭くて食べられなかったりしたこと，近くの川で製紙工場から真っ白な排水が流されていたのを見たこと」などの経験や「身近にヒロシマと基地があったこと」などを通して子どものころから抱いていた「身近な自然環境の問題も政治が絡む社会の問題も共存していた」という思いがかかわっているようである．

　石川さんが大阪教育大学の大学院で学ばれていたころ，よく「環境

「環境教育プラットフォーム」のイメージ（石川聡子編著『プラットフォーム　環境教育』東信堂，2007，掲載図10-2を一部改変）

教育は環境問題の改善や解決に貢献できるのか」という問いを投げかけていた．当時，ベオグラード憲章などを骨子にした環境教育が現実の環境問題解決と遊離しているという思いがあったのであろう．その問いの解決を求めた一つが東京学芸大学で環境教育を研究されている原子栄一郎さんから紹介されたオーストラリアのジョン・フィエンの著書『環境のための教育』の翻訳であった（本書第2章〈2.3.1「環境教育学の研究領域と研究方法」〉参照）．フィエンの教育論には社会・経済システムなどへの批判的意識の育成などが含まれていて共感するところがあったようである．しかし，そうした考えを取り入れた環境教育を日本で実践することの難しさも感じたと．

そこで石川さんは考え，「環境問題の改善や解決につながる学習や活動はどのような過程を経てできていくのか．また，どのような土台や基盤があれば成り立つのか．市民は地域の清掃や美化活動を継続するだけではなく，学習によって地域の環境問題を解決していく姿をどのように描くことができるか」という新たな課題を見出し，それを大阪大学での学位論文研究につなげた．そこには工学の立場から環境教育に関心をもたれていた盛岡通先生がおられ，工学者らしく，システマティックな発想で「社会システムとして学びや市民の成長のダイナミズムを描く」という示唆を石川さんに与えたようである．東京工業大学大学院でシステム科学も学ばれていた石川さんのこと，この示唆から「環境教育を社会のシステムとして描く」構想を生み出した．

石川さんは「環境教育システムとは，簡単にいうと環境教育と環境保全活動をつなげる社会のしくみである．私たちは環境について学ぶ

が，何のために学ぶかというと環境をよくするためであり，逆に環境をよくしようと思えば，どのようにしてどのような環境にするのがよいかということを学ぶ必要がある．……基本的には教育や保全の活動は計画的であることが求められる．したがって，環境について学んだことがこのように環境をよくすることにつながったという成果が確かめられることも環境教育システムには欠かせない．このことは，難しそうに見えるかもしれないが，私たちがこれまでに経験したことのない新たなことではない．むしろ，これまでに十分取り組んできたことでそれらがばらばらと点在し，まとまりのない状態であったものを，つなげてまとめる発想である」という．

その上で次のような学校教育での事例を紹介された．「たとえば，小学生は小学生なりに環境について学んだ成果を環境保全につなげることはできる．ゴミについて学んだら，学校から出るゴミの種類と種類別の重さを測定して，定量的な推移を把握する．運動会や文化祭時にはゴミが増えるなどの傾向が見えれば，ゴミを極力出さない行事の工夫を提案できるだろう．ゴミの種類やその処理は社会科で，データの収集とグラフによる可視化は算数科で，行事は特別活動で，と切れ切れになっているこれらの活動をつなげ，出されるゴミの量のマネジメントをするのである．総合的な学習の時間で示されている学びのプロセスである．環境マネジメントシステムを導入して，生徒たちが文化祭で出るゴミをトラック 2 杯分減らした高校を観察した」と．

ところで，こうした環境教育と環境保全活動のつながりは，学校での活動に留めていたのでは地域全体での環境改善には不十分である．石川さんはそれを大人たちにも広めようと考えられた．

石川さんによれば，まだ環境教育システムづくりを地域コミュニティとして取り組んでいるところは多くないようであるが，多くの自治体では事業や事務に対する評価が行われるようになり，その結果が予算に反映されることが多いようである．そうなると環境教育にかかる予算を使ってどのような環境保全の成果が出せるかなどがこれからの課題であろうと．

最後に石川さんは 2011 年に改正された環境教育の法律の名称に「環

> 境教育等による環境保全の取組の促進……」と入ったことを取り上げ，「字義どおり受け止めると環境について学ぶことによって保全活動が促される，ということであり，環境の教育と保全のつながりの強まりを期待するが，今後各自治体が主体的にどのような環境教育システムを整えてその成果を確認，表現できるか，これからの10年が勝負どころだろう」と述べておられた．
>
> 　なお，石川さんは環境教育システムを構成するものとしてここに紹介した「環境教育プラットフォーム」のほかに「心理・認知システム」「相互作用システム」「人材育成システム」「マネジメントシステム」があると考えておられるが，詳細はここに取り上げた石川さんの本に譲る．ぜひご一読を．

4.2.2　学習環境の人的側面

　環境教育のシステム・制度の目的・目標を達成させる上で重要な役割を果たすのが，そこにかかわる人の「力」である．すでに述べたように学習主体の主体性を尊重するといっても何らかの形で他者からの助言など，すなわち「教育」と「学習」のバランスのとれた活動が必要になる．ここでは，そのときの「教育」の側に立つ人たちのうち二つの事例を取り上げ，その現状と課題を探ってみよう．

（1）教員養成に見る現状と課題

　学校教育で「教育」の側に立つ人といえば主として「教員」である．大学，高専などの教員を除いて幼稚園から高校までの教員には免許制度が課せられていて，それぞれ定められた教育課程で必要な単位を修得する必要がある．環境教育のように新しく登場し，しかも一つの教科として独立していない分野の場合，それに対応した講義科目などが必ずしも準備されているとは限らない．学生たちが主体的に，あるいは環境教育に関心をもつ大学教員の協力のもとで取り組まない限り，環境教育に関する「力」をもたないまま児童・生徒たちの学習に参加することになる．環境教育が登場して以来，多くの教

員養成にかかわりをもつ大学・学部ではそうした状況が続いてきている．

いっぽう，すでに教員として児童・生徒たちの学習に向き合っている人たちは文部科学省や各自治体の教育委員会，あるいは大学・学会・民間団体などが開催する講演会・研修会で，さらには自分たちの仲間どうしの学習会などで環境教育に関する「力」を身につける努力をしてきている．筆者もそうした会で環境「共」育を何度か経験してきた．

その経験から，先に教育システム・制度のところで高専や大学の教育に期待したことでもあるが，将来教員になる予定の人たちには少なくとも「今，自分たちが享受しているライフスタイルを見直し，大きくは科学文明を問い直す『力』」を身につけるべき学習を行ってほしいと思う．

（2）「環境カウンセラー」

次に環境省（当時は環境庁）が1996年に設けた「環境カウンセラー登録制度」に基づき生まれた「環境カウンセラー」について検討してみよう．環境カウンセラーは市民やNGO，事業者などが行う環境保全活動への助言などを行う人材として登録される人たちで，市民部門と事業者部門の二つの種類がある．登録の可否は小論文，面接などを通して環境保全に関する専門的知識や豊富な経験の有無などによって判断される．1996年に登録が開始され，2008年までの時点で事業者部門2万2256名，市民部門1万6512名が登録されている（*34）．また，登録者たちは都道府県単位で環境カウンセラーの組織をつくり，さらにその全国組織（NPO法人環境カウンセラー全国連合会）も生まれている．

筆者は「環境カウンセラー」，特に市民部門の人たちに関心をもち，こうした人材が学校や民間組織などでの環境教育の推進に積極的にかかわってほしいと考えた．この制度がスタートしたとき，すでに小・中・高校での環境教育が開始され，それぞれの学校で試行錯誤の実践が行われていた．また，その後，「総合的な学習の時間」が設けられ，そこでの環境教育も動きだした．教員と「環境カウンセラー」の協働による児童・生徒たちの地域に根ざした環境教育が行われることを期待した．この「協働」の状況を何人かの環境カウンセラーの人たちにお聞きしたとき，スムーズに進んでいるところと，いっぽうではそうでないところがあるようであった．後者の場合は学校側の壁で

あったという．

　現在，環境カウンセラーの活動状況がインターネット上で紹介されているが，「小中学校への環境学習出前講座，フィールドワークのコーディネート」(神奈川)，「放課後の児童クラブでの環境紙芝居」(山梨)，「総合的な学習の時間 (小4) のゲストティーチャー」(京都)，「市民環境講座，高校・中学への出前講座」(大阪)，「こどもエコクラブのサポーター」(神戸，福島) など多様である (*35)．

　なお，最後にある「こどもエコクラブ」については前項の「環境システム・制度」で紹介したが，子どもたちの主体的活動を支える大人 (「サポーター」という) が加わっている．この「サポーター」が「環境カウンセラー」の一つの役割として期待される．

BOX4: こどもエコクラブを支えるサポーターたち
──「せいわエコクラブ」の実践

　環境庁 (当時) は1995年に全国の自治体に呼びかけて「こどもエコクラブ」の組織づくりを促した．本文にも示したように「こどもエコクラブ」は子どもたちの主体的な学習を尊重するものであるが，それを支援する大人 (「サポーター」という) の役割が大切である．学校のクラスやクラブ活動単位のものであれば教員が，子ども会単位であれば子ども会の保護者などがサポーターとなっている．

　さて，この「BOX4」では環境庁の呼びかけにいち早く応え，「こどもエコクラブ」を立ち上げた大阪市天王寺区聖和地域の子ども会「せいわエコクラブ」とそのサポーターたち (「せいわエコ・サポーターズクラブ」と呼ぶ) の活動の様子を紹介しよう．

　「せいわエコクラブ」では1995年の発足以来，自分たちが暮らす地域から課題を見出し，それについて可能な限り体験を通して学習するというモットーのもと活動が進められてきており，その活動が認められ，初期には環境庁長官賞，近年では2005年度に大阪市環境表彰を受賞している．ここでは，それらの活動のうち，発足当時から子ど

たちが抱いていた"大阪の水道水はなぜまずいのか？"という課題に取り組んできた様子を取り上げる．

　サポーターたちは先の子どもたちの疑問に答える方策を考えた．そこで浮かび上がったのは，「近畿の水がめ」といわれる琵琶湖について子どもたちにもっと知ってもらおうということであった．それには琵琶湖に出かけ直接自分たちの五感を通して感じ，知ってもらうことである．それが湖水浴体験であった．

　しかし，それだけでは琵琶湖と大阪市の水道水とのつながりはわかりにくい．その先をどうするか．そのようなとき，サポーターたちの目に留まったのが「NPO法人自然と緑」（大阪市）の活動であった．1980年に任意団体としてスタートし，1999年にNPO法人になったこの団体では琵琶湖を囲む山の一つ馬ケ瀬山国有林をフィールドに森林整備や森とふれあう活動が，最近では国有林に隣接する「大阪市水道局の森」の整備の活動が行われていた．早速，サポーターたちは子どもたちにとってこうした活動を体験させることの意義を認め，2000

『水はどこから』の冊子表紙（せいわエコ・サポーターズクラブ発行）

年から参加させることにした．森でヒノキの間伐や基地づくり，あるいは小枝やツルを使った工作，四季折々の自然観察など子どもたちは夢中になって一日を過ごしていたという．

　筆者はこの過程でサポーターたちの役割がいかに重要であるかということを感じた．子どもたちの疑問を近視眼的に捉え，蛇口から出る水道水の臭さを浄水場の処理問題に矮小化することなく，広い視野で子どもたちが「水」の問題を考えることができるよう学習を進めていたからである．

　ところが，やがてサポーターたちは，自分たちの「想い」と子どもたちの「現実」に違いがあることに気づいたという．サポーターの代表を務める原田智代さんは"でも親も子も，毎日使う水道水が琵琶湖から来ていることは頭では知っていても，自分たちが参加している山の手入れと，水とのかかわりについてはよくわかっていなかった"（「産経新聞」2005年12月6日記事より）という．原田さんはこのクラブがある聖和地区の住民で，大阪教育大学大学院で理科教育，環境教育などを研究され，修了後は大学の講師，大阪府や大阪市の環境行政，環境NPOなど広く環境に関連する活動に携わっている方．早速，仲間たちとこのギャップを埋めるべき活動を開始し，「森の手入れをする意義が学べる教材づくり」を目指した．関西地区で環境教育の研究・実践にかかわっている人たちの協力のもと3年余りの検討を経て，『水はどこから』（日本財団助成事業 2005年12月10日発行）という100枚以上の絵や写真が載せられた30ページほどの絵本をつくりあげた．

　この絵本の作成には執筆者として6名のお名前が記されているが，その中に原田さんと同様，大阪教育大学の大学院で理科教育，環境教育などを研究された植田善太郎さんがいる．植田さんは小学校の教員のまま大学院で学ぶ制度を利用して進学され，環境教育の視点から土壌について研究された．この冊子でもその分野での植田さんの知見が生かされている．

　さて，問題は冊子ができれば目的が達成されたわけではない．そこで冊子作成にかかわった人たちを主体に新たな協力者を加え，冊子を活用するためのプログラムづくりに着手し，翌年（2006年）には二つ

> のプログラム「森と水のひみつ」(三部構成：びわこのひみつ・川のひみつ・土のひみつ)，「淀川でシジミとり（河口ってどんなところ？)」を開発したそうである〈原田智代(せいわエコ・サポーターズクラブ)，金下玲子（フリーター)，松本朱実（動物教材研究所 pocket)，戸田耿介（こども環境活動支援協会)，植田善太郎（泉大津市立上條小学校)，「地域環境教材『水はどこから』—教材開発とその活用としてのプログラム化」日本環境教育学会第 18 回大会講演要旨，2007 年〉.
>
> この事例からサポーターたちとそれをまた支える人たちのネットワークのすばらしさに感心し，その大切さを再確認した．今後の「せいわエコクラブ」の活躍に期待している．

4.2.3 学習環境の施設的側面

3番目に取り上げておきたいのが，これまでに紹介した制度・システム，人的状況と不可分の関係にある「施設」の状況とそこに見られる課題である．環境教育専門施設としては全国各地に見られる「環境学習センター」(名称はさまざま）があるが，近年ではあとで紹介するように博物館，図書館，動物園，水族館，植物園など既存の施設が環境教育の場として注目されるようになった．そのほか博物館の一つのスタイルであるエコミュージアム，またビオトープもその仲間として注目されるようになっている．

ここでは，すべてを紹介するスペースがないので「環境学習センター」「博物館・エコミュージアム」「動物園」「学校ビオトープ」について検討してみよう．

（1）環境学習センター（環境学習施設）

環境学習センターは地方自治体（都道府県，市区町村）を設置主体として全国各地に設けられている環境や環境問題などを学ぶ施設である．ただし，その設置地域によって自然的環境やその保全についての学習に力を入れている施設（例：自然観察のためのビジターセンター）や，主として都市生活に伴って生じる環境問題（例：ゴミ問題）や地球規模の環境問題などを学習する都市

域にある施設というように大きく二つに分けられる．いずれにせよ，これらの施設では資料や展示を通して，また研修会や講演会などによって環境や環境問題に関する情報を提供し，人々に環境保全意識を高めてもらうことが目指されている．施設によっては一方的な情報の提供というのでなく，地域住民やNPOなどの人々の参加を求め，実行しているところもある．

現在，そうした環境学習施設は全国で500を超えるという調査結果が報告(*36)されているが，その中には「リサイクルプラザ（廃棄物処理施設）」に付随してリサイクル啓発を行っているところが150余り，また上に紹介したように自然的環境の学習を主としているところが210余り含まれていて，それらを除くと都市生活における自分たちの環境や環境問題を総合的に学習できる施設は70弱になり，全体としては不十分な状態である．また，この調査では課題として予算や人員の不足が出されており，なかなか理念として示されている機能が実施しにくいのが現状のようである．

そうした中でも東京都板橋区にある「板橋エコポリスセンター」（1995年設置）では地域の大学，学校，町内会などの関係者からなる運営協議会が組織され，学習プログラムの作成や講座の実施，さらに最近では区内の小・中学校への出前授業というように地域と一体になった活動が進められているという(*37)．筆者も10年以上も前にこの施設を見学したことがあるが，そのユニークな運営に感心した．

こうした環境学習施設を有効に活用する方法の一つとしては上の例のように地域の人々の協力，一歩進めて「協働」作業，さらに「共」育活動であるという意識をもつことが必要であろう．また，すでに実施されているかもしれないが，環境学習施設のある地域には「人的環境」で取り上げた「環境カウンセラー」の人たちもおられるであろう．そうした人たちとのネットワーク化で人員不足などがある程度解消されることが期待される．

（2）博物館・エコミュージアム

博物館

博物館には人文系，自然系，産業系などいくつかの種類があるが，その機能としてはそれぞれの分野に関連する①「資料・標本などの保存」，②「研究」，③「展示などを通しての教育」の三つを挙げることができる．文部科学

省の調査によれば2008年時点で日本には博物館法に基づき登録されている博物館が約900館，類似のものを含めると5700館程度になるという(*38)．

さて，そうした博物館と環境教育の関係であるが，環境教育が注目され始めた1990年はじめ，当時筆者の研究室に所属していた大学院生渡辺美春が博物館での環境教育の可能性を検討するために全国の自然系博物館にアンケート調査を行ったことがある(*39)．博物館の機能の一つである「教育」(学校教育，社会教育，生涯教育)について，その必要性は認識されているものの，先の「環境学習施設」の場合と同様，人員や予算の不足に加え，施設の不備，また学校などとの連携システムの問題などがあることがわかった．まして学習内容として新たに環境教育を取り込むことは当時の状況としては困難であることを感じた．

そうした中で千葉県立中央博物館(1989年)，兵庫県立人と自然の博物館(1992年)では人間生活と自然のかかわりが歴史的にもよく理解できるような配慮のもとで展示が行われていた．また，両者には環境教育に精通した研究員が所属している点も特色である．特に前者には環境教育研究科というポストも置かれている(*40)．筆者が千葉を訪れたとき，担当所員の林浩二が研修中の教員とともに館内の展示物から環境教育の素材を探し，プログラムづくりを行っていたが，こうした所員と教員との連携が不可欠であることを実感した．先の渡辺は大阪市立自然史博物館にある展示を活用した環境教育プログラム(既存の「生物の進化，種の保存などを考えさせる」展示から「生物と環境」，さらに「人間の環境や環境問題」へと参加者の意識変化を促す)を作成し，少人数の児童を対象に学習を試みたが，そこからも環境教育への適切な目をもったインストラクター(教員など)の存在の必要性を感じた．

ところで，はじめに述べたように博物館には自然系のほかに人文系のものもあり，特に歴史・民俗系のものでは科学技術を扱っている博物館とともに筆者が指摘する科学文明を検討する上で役立つ情報が得られる．それぞれの時代，それぞれの地域における人々の生活(文化・文明)の様子を比較検討することによって，今自分たちが享受している生活(科学文明)を問い直すということである．

エコミュージアム

こうした「生活」を問い直すという点で適切なタイプの「博物館」がある．それが国際博物館会議の初代会長フランスのリヴィエル（G. H. Rivière, 1897〜1985）によって提唱され，博物館学者の新井重三によって日本へ導入されたという「エコミュージアム」である．新井によれば，リヴィエルは「エコミュージアムは地域社会の人々の生活と，そこの自然および社会環境の発展過程（文化，産業）を史的に探究し，自然および文化遺産を現地において保存し，育成し，展示することを通して当該地域社会の発展に寄与することを目的とした野外博物館」と定義づけたそうである（＊41）．

日本の各地に「エコミュージアム」を名乗る地域や施設などがあり，その関係者やこの分野に関心をもつ研究者たちによって 1995 年に日本エコミュージアム研究会が組織され，毎年全国大会が開かれ研究・実践成果などの情報交流が図られている．なお，全国で一番早く設けられたのが山形県朝日町のエコミュージアムである．

そうした動向の中で日本における環境教育の研究と実践の先駆者の一人である民族植物学を専門とする木俣美樹男は 1991 年という早い段階で，農山村エコミュージアムを事例に環境教育におけるエコミュージアムの役割について"農山村の生活文化の有り様は人間と自然との間の厳しい緊張関係を目に見える形で理解させるので，今後のライフスタイルのあり方を考える上で大いに参考になろう"（＊42）と指摘していた．現在，木俣はその考えに基づき山梨県小菅村をフィールドにし，公民館を利用した「植物と人々の博物館」をコアにした「エコミュージアム日本村」づくりに尽力している．専門の民族植物学の知見を踏まえて雑穀栽培も手がけており，食文化の視点からもライフスタイルの問い直しを目指しているが，まさに筆者が期待する環境教育の一つの姿である．

（3）動物園

人間にとっての自然的環境の一つである「生物」が飼育・栽培されている動物園・水族館・植物園なども「学習環境」として重要な役割を果たしている．そのうち，ここでは「動物園（主として野生動物が飼育されている）」を取り上げ，環境教育にとっての役割と課題を考える．

動物園の機能と役割について中川志郎（1930〜2012）は「レクリエーション・教育・研究・自然保護」の4つを挙げていた（*43）．筆者の経験では以前は「レクリエーション」が中心であったという印象であるが，近年では「教育」に関心がもたれるようになり，動物園・水族館関係者により日本動物園水族館教育研究会（1975年発足時は日本動物園教育研究会，1980年はじめごろ改称）が組織され，動物園などでの教育と実践の研究が行われてきている．そのグループと重なるようであるが，1997年動物園研究会が発足し，『動物園研究』なる冊子を公にしている．その翌年の巻で多摩動物公園動物解説員の松本朱実は「来園者にとっての動物園」なる論文で大人，子ども，その子どもの学習を支援する教員たちと動物園側とのかかわり方について，この分野では先駆的ともいえる問題点の指摘を行った（*44）．

環境教育との関係では1995年ごろから動物園関係者によって論じられるようになる．たとえば，広島・安佐動物公園の大丸秀士は「動物園も今や環境教育」で動物園にいる野生動物は環境破壊を伝え，環境保護を訴える絶好の材料であるなど動物園での環境教育に前向きの発言をしている（*45）．しかし，当時の動物園の組織のままでは困難で，学校教育や社会教育分野の人々の環境教育的活用が望まれるという立場であった．これに関連するが，松本は先の論文で"人間も動物の一つの種であることをベースに説明し，……（中略）……人間も含めた生物の共通性や多様性を知ってもらい，いかに関わっていくかを考えてもらう．このことが，動物園でできる一つの環境教育ではないだろうか．大規模な展示改革がすぐできなくても，伝えたいことが明確であれば，今すぐ着手できる手段はあるはずだ"（*46）と述べていた．

こうした動物園側から教育を真剣に考える人たちの努力もあって，飼育展示にも工夫が見られるようになった．高橋宏之は近年注目されている「生態的展示」（動物の生息地を再現するに留まらず，見学者までもまるで生息地の中に入ってしまったかのように思わせる展示）と「行動学的展示」（展示されている動物が，みないきいきと野生生活のときと変わらぬ行動を見せてくれる展示）の状況を紹介し，それらの環境教育的意義として「見学者に対し，環境への気づき」「飼育動物に対する環境エンリッチメント，ひいては来園者への気づき」が促されると論じている（*47）．これに関連して「生態的展示」に対する来園者の意識調査を行った研究で，従来型に比べて展示空間では動物

との一体感や調和性が高く，よい印象をもったが，動物が見にくいという結果が得られたという (*48).

展示に関する研究とそれを反映させた施設づくりが盛んになることは大いに期待するが，学習プログラムの開発を含め，その施設での学習に対応できる人材の育成と配置が不可欠である．これは〈4.2.2〉の「学習環境の人的側面」の課題でもあるが，本来は必要な人員を施設直属として確保すべきである．財政的にそれが望めないのであれば，来園者の種類によって異なるが，環境NGO，環境NPO，教員，環境カウンセラー，こどもエコクラブのサポーターなどが動物園側と連携し，学習プログラムの作成とその実践を行うことが望まれる．最近，愛媛大学と愛媛県立とべ動物園との協働作業で，教材づくりの体験を通して動物園での教育のあり方を学ぶという研究が報告されている (*49)．今後が期待される研究である．

ところで，はじめに述べたように動物園，水族館，植物園は主として人間環境のうち，自然的環境に関連する素材から構成されており，自然的環境への関心，理解などは深まるであろうが，筆者が期待する科学文明の再考という視点からも学習できる素材がありそうである．飼育・栽培されている野生生物の「故郷」の現状と人間活動との関係を考える機会を来園者に提供することも一つの方法ではないだろうか．

BOX5: 動物園を利用した環境教育実践

ここでは本論 (第4章) でほとんど取り上げなかった実践の様子を松本朱実さんの三つの事例で紹介し，環境教育と動物園のかかわりを考えてみよう．

松本さんは多摩動物公園の動物解説員のあと，大阪教育大学の大学院に進み，修了後は「動物教材研究所 pocket」を立ち上げ，学校向けに動物園を活用した環境教育の支援を行ったり，市民グループのメンバーとして一般来園者を対象に野生動物保全に向けた普及活動をされたりしている．

最初の事例は大阪の二つの「こどもエコクラブ」の小学生 (14名)

と中学生（6名）を学習主体に天王寺動物園に飼育されている各種のカメを素材とした「いろいろなカメを調べよう」というプログラムの実践．その内容は事前に子どもたちのカメへの興味・関心を高めておくための各自が考えた「架空」のカメの姿を描く活動．次いで実際に動物園でいろいろな種類のカメたちの姿・形や飼育員の協力による「食べ物」のとり方などの比較観察．さらに飼育員から人間の活動によってカメたちの生活環境が悪化（海の汚れ，浮遊物など）している話を聞いたり，動物園近くの四天王寺境内の池にいた在来種のカメが人間によって放された外来種のカメに圧倒されている様子を見たりする活動である．

　この学習では動物にとっての環境の重要性やその環境と人間活動とのかかわりについて考え，環境保全に向けた意見形成や行動力を養うことが目標とされた．松本さんは「動物園は野生本来の環境とは異なりますが，長い年月を経て環境と密接に関わりながら適応・進化した結果を確認できます．従って発見した動物の形態や行動を野生の生活と関連づけながら考えると，動物にとっての環境の重要性が見えてきます」（松本朱実「動物園と教育」『なきごえ』Vol. 35，1999年12月）と動物園での学習の利点を指摘しているが，この学習に参加した子どもたちのアンケートなどからそのことが納得できた．

　二つめの事例は，大阪府の交野市立藤が尾小学校の1, 2年生（93名）を学習主体とする同じく天王寺動物園を利用した環境学習プログラム「動物たちのとくいなこと」である．学校の授業の一環として行われたこの実践では，「支援者」の立場にある担任の先生たちと松本さんとの間で綿密な打ち合わせが行われた．これは本文でも紹介したように松本さんの重視した点でもある．

　打ち合わせの結果立てられた学習目標は「① 自分（人間）も動物の一員であり，共通点があることに気づく．② 自分とは異なる他の動物たちの多様な特徴や能力に気づき，関心，親しみ，畏敬の念を高める．③ そのため『とくいなこと』探しを計画．④ 動物はあらゆる場所に存在し，自分を含め生物どうしつながりがあることを認識する」というものであった．

そこで，まず子どもたちの目的意識を喚起するための「事前の学習」（① 校内で飼育されているウサギ，スズムシ，そして自分〈人間〉の共通点やそれぞれ得意とする点を探す．② 動物園で実際に観察する予定の動物に関するクイズを行い，動物園での学習に対する子どもたちの期待感を膨らませる）が準備された．これも松本さんの重視していることである．

当日は各班に分かれて担当する動物の「とくいなこと」を探しながらの観察．ノート，スケッチブックなどに発見したことを記録し，数日後の授業で，班ごとに担当した動物の「とくいなこと」を発表しあう．さらに「とくいなこと」が共通している動物たちを確認しあう．たとえば，「オランウータンとコアラは木登りが得意」など．その上で校庭に出て，身近な動物たちの存在にも目を向けてもらう．

ここまでの学習は主として松本さんの支援のもとで行われたが，動物や環境に対する興味を継続させようと授業参観日に学習結果を発表しあうことにして，担任の教員たちの支援のもと「調べ学習」が続けられた．松本さんによれば班ごとに立てられた研究発表のテーマから子どもたちが動物に対する理解を深めていることがわかり，学習の効果が表れているという（松本朱実「動物を素材とした環境学習―動物園施設を活用した実践プログラム」藤岡達也編著『地域環境教育を主題とした「綜合学習」の展開』協同出版，2006年）．

三つめの事例「遊んで学ぶ生物多様性　もっと知り隊！ 動物＆環境プログラム」は松本さんの「動物教材研究所 pocket」と「わかやまフレン ZOO ガイド（市民動物ガイドボランティア）」とが協働して和

「和歌山公園動物園での活動」（提供：松本朱実）

歌山公園動物園への一般来訪者を対象として 2010 年 10 月から 2011 年 3 月の間 4 回（「ほ乳類の体とくらし」「鳥類の体とくらし」「魚類の体とくらし」「動物を観察してクイズをつくろう・学んだことを伝えよう」）実践したものである．松本さんによれば，どの項目も，動物を観察して生態や環境とのかかわりを学ぶことを目的とし，参加資格は小学校高学年以上（第 4 回は小学生以上）で，参加は何回でも可能とし，また，参加者が楽しく実感できるように，触れる・予想する・話し合うなど主体的に体験する活動を取り入れたという．

たとえば，「ほ乳類の体とくらし」ではヒトを含めて，いくつかのほ乳類の腸の長さを予想し，それを紐を使って確認するなど「想像と体感」「驚きと発見」を味わってもらうという．また「環境とのかかわりを実感するゲーム」では，日本の里山に暮らす生物相互の関係性を事例に 30 種の生物画を貼ったバケツを食物連鎖や生態系の知識を活用してピラミッド型に積み上げるゲームも準備された．参加者のアンケートから，松本さんはこのプログラムが生物の多様性についての認識を深める上で有効であったと述べている（松本朱実・後藤千晴・川島寛子「遊んで学ぶ生物多様性　もっと知り隊！　動物＆環境プログラム」『日本動物園水族館教育研究会誌』日本動物園水族館教育研究会，2011 年，pp. 27-31）．

　以上，松本さんを中心とした動物園を利用した環境教育の実践事例を紹介した．共通して感じることは実践にあたって，しっかりした学習理念，問題意識に基づくプログラムづくりをなしうる「支援者」たちの存在である．今後の松本さんに大いに期待したい．

（4）学校ビオトープ

　最後に「学校ビオトープ」について検討してみよう．「ビオトープ」とは「生き物が暮らす空間」という意味であり，もともとはドイツ語の「Biotope」（Bio＝生き物，Tope＝空間）．ただ，そのままの意味であると本来の自然はほとんどが「ビオトープ」ということになるが，ここでは都市計画や農村計画など人為化の過程で意識的にそうした空間を残したり，新たにつくったり

したものを指している．「学校ビオトープ」は学校のキャンパスの中につくられた「ビオトープ」である．

　序章でも述べたように，筆者が神奈川県立教育センターに勤務していた1960年代後半から1970年代初期，公害問題が顕現化し，公害教育の必要性が叫ばれるようになった．そのとき注目された一つが生態学であり，教員研修の講師として生態学者で「森林の再生」活動など環境保全に尽力している宮脇昭（1928～）を招いた．その過程で学んだ一つが学校，特に都市地域の学校校庭に「野草園」をつくり，そこで暮らす生き物たちの様子を児童・生徒たちに観察してもらうことであった．校庭の一角を綱で囲み，その中に児童たちが入らないようにしておくだけでよいのでほとんど経費はかからない．実はこれも「ビオトープ」であった．1990年代になり，野草園の他に池や小川などを含めた水辺をもつ「学校ビオトープ」が各地の学校でつくられるようになり，筆者も神戸や大阪などの環境教育実践校で「ビオトープ」づくりに参加した経験がある．教員，児童・生徒のほか，保護者や地域の人たちの「協働」作業が見られた．

　環境教育の視点から大阪市における小・中学校の状況をいろいろな角度から調査研究している谷村載美は「学校ビオトープ」を整備，活用する意義として「身近な自然との触れ合い体験の保障」「生態系概念を基礎とした自然観の育成」「『共生』の意識の醸成」「安らぎ空間の創出」「地域の生態系のネットワーク形成」などを挙げ，実際に一つの小学校（大阪市立大国小学校）を研究協力校にお願いし，ビオトープづくりから，それを活用した授業実践（生活科，理科，図工科，国語科，社会科，家庭科，道徳）の様子，児童たちの変容を調査，上に紹介した意義に照らしてその教育効果が得られたことを報告していた（*50）．

　最近では日本生態系協会，日本ビオトープ協会，NPO自然環境復元協会，全国学校ビオトープ・ネットワーク研究会などビオトープに関連する団体が設立され，ビオトープづくりのノウハウや学校での活動への支援などを行っており，全国各地の学校で実践されている（*51）．筆者はそのことを歓迎する．その活動に際して学年にもよるが，児童・生徒たちの「自然と人間とのかかわり」に関する時間的・空間的「視野」の拡大を図ることに心がけてほしいと考える．

BOX6: 大震災と学校ビオトープづくり

　ここに紹介する「学校ビオトープづくり」は1995年の阪神淡路大震災をきっかけに始められた活動である．その舞台は震災時には多くの住民の避難場所となった神戸市東灘区にある市立御影小学校．もちろん，学校もいろいろな被害に遭い，中庭にあった「観賞用の池」も壊された．実はこの「池の破壊」という出来事が「ビオトープづくり」を導くことになる．

　当時，大阪教育大学で理科教育の視点から環境教育を研究し，卒業後この学校に勤務していた辰見武宏さんは，震災によって植えつけられた恐怖心がなかなか克服されていない子どもたちの姿に接した．また保護者からも「震災以後，今もトイレには一人で行きたがらないんです」と子どもの心の傷（PTSD）について相談を受けた．「だって，地震があるかもしれんやん．めっちゃこわいねん」と素直に語ってくれた子どもには「なに，言うとんのん．神戸が日本で一番安全やねんで」と諭したそうであるが，何かよりよい改善策はないものかを検討した．

　辰見さんは今回の地震によってそれまで子どもたちがもっていた「やさしさ・すばらしさ」という自然のイメージが「厳しさ・怖さ」というイメージに，大雑把にいうと「自然が正義の味方から敵に」，大きく変化してしまったようであり，教育現場には，この大転換を元に戻す作業が課せられているが，それには「自然のやさしさ，すばらしさ」

「学校ビオトープづくり」の様子〈左：御影小，右：広陵小〉（提供：辰見武宏）

を再び体験していくことが重要なポイントであると考えたという．

1996年の学年はじめ，辰見さんは「こどもエコクラブ」としても活動していた担任クラスの子どもたちとの話し合いをもった．いろいろな考えが子どもたちから出されたが，その中で震災によって壊れた「中庭の池」を復活させようという話がもちあがった．その結果，トンボやチョウなどの昆虫，野鳥などが訪れるビオトープ池をつくることに決まった．

池づくりが決定する前からスコップをもちだし，土掘りを始める子どももいたほどの熱意に動かされた学校側はその実現に向けて動きだすことになり，教職員，保護者，ライオンズクラブや地域の人たち，神戸エコアップ研究会（市街地の公園や学校などの生態学的改善を目指す市民団体．1992年に発足），神戸市教育委員会・環境局などの協力のもと進められることになった．幸い，ビオトープの池に取り入れる水も地下水が活用できることもわかり，また池の底に敷くゴムシートも神戸市の企業から提供されることになり，子どもたちの目指したビオトープは1997年3月に完成した．およそ100平方メートルの池は子どもたちの投票の結果，「森のまる池」と名づけられた．

辰見さんは日本環境教育学会の全国大会（1997年5月25日）でこの実践の様子などを報告されたが，"泥にまみれながら「ぼくらにもできるんや」と最高の笑顔を見せていました．自己成就感に浸り笑顔いっぱいの子どもたちが印象に残っています．震災で多くのボランティアに支えられた経験が生きているようです．「神戸市の子どもたちは力を合わせるすばらしさを知っている」のです．「無力感の克服」をこのビオトープづくりで達成したように思います"と報告していた．

日本環境教育学会や全国学校ビオトープ・ネットワーク研究会などで活躍されている赤尾整志さんは御影小学校での事例を踏まえて，学校ビオトープづくりで大切な「子どもの参画」を実現させるためには次のような三つの条件が整えられることが重要であると述べている．一つめは，自分たちが主体的に取り組もうという「子どもたちの意識」があること．二つめは「子どもの参画」を可能にする「力」をもった教師の存在．そして三つめはその活動の受け皿となる「場」（教育的側

面，地域の人々の協力など）の設定．

　すでに見てきたように御影小学校での「学校ビオトープづくり」ではこれらの条件が整えられていた．赤尾さんはこの論文のまとめで"神戸市の学校ビオトープは，大震災という特別な動機からスタートした．そのきっかけとなった御影小学校のビオトープは，「子どもの参画」の道しるべでもあった"と述べている（赤尾整志「学校ビオトープは教育をかえるか」『こどもと自然―環境教育メールマガジン』全国学校ビオトープ・ネットワーク発行，2002年）．

　その後，辰見さんは御影小学校から同じく神戸市立広陵小学校に転任され，そこでも学校ビオトープづくりを子どもたちと一緒に行った．そのころ書いた文で"「自分たちの力で何かをやってみたい」という好奇心は，どこの子供も持っているのだと思います．「森のまる池」の場合は，震災が契機となり，多くの方々の援助を受けることができました．現在，転任した学校でも子供たちに「ビオトープづくり」を勧めています．「どこにつくったらいいかな？」「水源はどうする？」……「設計や工事をしてくれる人（保護者）は，いないかな？」……等々，子供たちとともに頭を悩ませる毎日です．しかし，子供たちは図書館で調べたり，校長先生のところへ相談をしにいったりと，熱心に取り組んでいます．……このような「子供一人ひとりが主役になれる教育」は「心の教育」につながると思います"（辰見武宏「コラム1：子供たちとともに，頭をなやます」阪神・都市ビオトープフォーラム編『学校ビオトープ事例集―人・自然とつながる校庭づくり』トンボ出版，1999年）と述べていた．現在，広陵小学校にも立派な「学校ビオトープ」がある．

　なお，震災に伴う子どもたちの「心のケア」は「東日本大震災」に直面した東北の教師にとっても重要な課題である．筆者が知人から依頼された両者の交流に関して辰見さんにその一端を担っていただいた．きっとよい知恵が生み出されたことであろう．

4.3 環境教育の学習・実践方法と評価

本章では，これまで「学習主体」「学習環境」について検討してきたが，環境教育を実践する上でさらに重要な課題がある．それが「学習・実践方法」と「学習評価」の検討である．以下にそれらについて取り上げてみよう．

4.3.1 環境教育の学習・実践方法とその視点

まず，「学習・実践方法」の検討であるが，次に取り上げる「学習評価」の場合も含めて，環境教育が目指す人材育成との整合性が必要になる．繰り返しになるが，筆者は「環境教育はこれまで自分たちが享受してきているライフスタイル（科学文明）を問い直し，より望ましいライフスタイル（文明）を探し求める共同の学習である」と考えている．したがって，そのことを物指しにしていくつかの視点から検討してみよう．

（1）環境教育における「体験」の意義と役割
「体験」と「経験」

しばしば環境教育の学習・実践方法の一つとして「体験」の重要性が指摘される．その「体験」という言葉に類似した言葉として「経験」があり，人によってこれらについての認識や使い方に違いが見られる．そこでまず，筆者なりに理解していることを明らかにしておこう．

辞典類では「体験」とは「自分が身をもって経験すること」（『広辞苑』第六版，岩波書店，2008年）とか，「自分で経験すること」（『講談社カラー日本語大辞典』講談社，1995年）などと説明している．したがって「体験」は「自分が身をもって」とか「自分で」などの修飾語を伴った「経験」ということになり，「経験」の中の一つの形を指す言葉であることがわかる．

早くから環境教育，広く教育における「体験」の大切さを提言している佐島群巳は体験学習に関連する文で"体験は，経験における「直接経験」という五感を用いて子どもが活動することであり，経験よりもせまい活動である．体験とは，学習者の要求・欲求・願いに基づき，対象に対峙して，自ら，対

象に触れたり，身体や手足を使って物をつくったり，飼ったり，他人にはたらきかけたりなどして，人や物のしくみやはたらきを体得することである"(*52)と「直接経験」という言葉を導入して「経験」と「体験」の違いを示している．この文は子どもに関連するものなので「子どもが活動すること」としているが，申すまでもなく，大人の場合でも両者の関係は同じであろう．

この佐島の定義を採用すれば，「体験」は「経験」のうちの「直接経験」ということになり，それ以外の「経験」には「間接経験」という言葉を当てはめることができそうである．ただし，心理学分野では早くから「直接経験」と「間接経験」という言葉を用いて前者を心理学に，後者を物理学などの自然科学に当てはめている(*53)．最近でも二つの言葉の違いを「対象との相互作用行動」を伴うか，伴わないかで表した定義を用いた研究も見られている(*54)ので「間接経験」という言葉を用いると混乱する危険性はあるが，ここでは「経験」のうち「直接経験(体験)」以外の「経験」をすべて「間接経験」と呼んでおくことにする．

体験を重視する「自然体験学習」のあり方を論じた文で降旗信一は"「体験」とは，「経験」のうち，特に何らかの形で独立して認識されるものである．「体験」は，数えることや中身を特定することが可能なものであるが，単に感覚や知覚によって得られる表面的な現象ではなく，自己と世界との現実的な応答的関係のことである"(*55)と定義づけている．先の心理学における「対象との相互作用行動」という考えとともに「体験」の意味をより深いものにしており，体験活動などで心がけるべき指摘である．

ところで，「体験」に関連して1980年代末から注目されてきている「原体験」という言葉がある．すでに本章〈4.1.2〉の「幼児期における環境学習」で簡単に触れておいたが，早くから生物教育を基盤として広く環境教育にかかわっている山田卓三・小林辰至らのグループはそれまでの教育が五感のうち視覚や聴覚を使う体験を重視する傾向があったのに対し，原生動物(現在の分類では「原生生物」)にも備わっている嗅覚，触覚，味覚こそ重要であると考え，主としてそれらを使った体験を教育に取り入れることを主張し，そのような体験を「原体験」と名づけた．ただし，先の心理学での「直接経験」「間接経験」の場合と同様，「原体験」という言葉も幼児教育で「original experience：個々の生活体験の中で，その個人の人格形成を説明するのに無

視することのできない，あるまとまりをもった体験」という意味で使われているので，山田らはそれとは異なって，「proto-experience：生物や，その他の自然物，あるいはそれらにより醸成される自然現象を触覚・嗅覚・味覚をはじめとする五官(感)を用いて認知する体験」と定義づけている(*56).

環境教育における「体験」の重要性

さて，言葉の定義などについてはこの程度に留め，本題である「環境教育における『体験』の重要性」についての検討に移ろう.

「原体験」概念を提唱した小林・山田は1992年当時，環境教育の議論が生態学的視点でのカリキュラムづくりや自然保護運動に目が向けられ，自然とのふれあい体験についてのものが少ないと感じ，体験の中でも「原体験こそ環境教育の基盤である」という考えを述べている(*57). すなわち，環境教育を身近な自然，地域の自然から始めようとするならば，その国の風土，日本なら日本の風土に合った環境教育のあり方があるはずであり，原体験の素材となる自然物はそれぞれの風土に根づいたものだからであるという.

こうした教育における原体験の重要性について，山田らはすでに先の「原体験」を命名した論文(*58)で教育を一本の木にたとえ，原体験はその木を支える「大地」であり，それなしには「生きた知識」は育たないなどと論じていた．1985年ごろ山田を中心に始められたこの活動は，現在「原体験教育研究会」として続けられており，その有効性を検証する研究などもいくつか見られている.

ところで，広く「体験」という活動は教育の世界では「体験学習」と呼ばれている．藤村コノエは体験学習の特色として「学習者の主体性が育つ」「五感を通して感性が磨かれる」「気づきと新たな発見がある」「多面的，総合的にものごとを捉えられる」などを挙げ，これらと「環境学習」が求めるものとの共通性を指摘し，環境教育における体験学習の有効性を論じていた(*59)が，同感するところである.

以前，校区を流れる川の環境調査という「体験学習」を行った兵庫県の小学生たちの事後授業を見学したことがあるが，彼らの「視覚」「嗅覚」などを通した「気づき」や「新たな発見」などの体験談から，「体験学習」が自分たちの「環境」や「環境問題」への「気づき」「関心」を生み出す効果をもって

いることを納得した．実はここで大切なことは先に紹介した降旗の「体験」概念の深化である．ただ，「汚い」「臭い」という感覚段階に留まるのでなく，その「川」と自分たちとのかかわり，降旗のいう「現実的応答関係」の認識へと進むことの必要性である．ちなみに，この事例では子どもたちの「話し合い」で「川の汚れ」という環境問題解決へ向けた「動き」が見られた．そこには前節で取り上げた学習者の「主体性」「本気度」を見ることができた．

環境教育の目標には「環境」「環境問題」への「気づき」(関心) からやがて環境問題解決，さらには「望ましいライフスタイル (持続可能性のある社会) の構築」へとつながるための「行動力」の育成が求められるのであるが，そのためにも「体験学習」の役割は大きいといえよう．

最近「体験型環境教育」「体験型環境学習」という言葉をしばしば見聞きする．それらの中味を見ると体験する対象が人間環境の要素の一つ「自然的事象」であるものが多い．その背景には都会に暮らす子どもたちの「自然離れ」がある．その対策の一つとして2001年の学校教育法の改正で「自然体験活動」など体験学習の充実が求められた．翌年 (2002年) からは文部科学省，国土交通省，農林水産省など関連する省庁連携の「子ども体験型環境学習事業」がスタートしているが，その中でも体験の対象には河川，森林，農業用水路など「自然的環境」あるいは「半自然的環境」が顔をのぞかせている．

人間環境の重要な基礎である「自然的環境」についての体験学習は「生物としての人間」を再確認する意味などでも欠くことのできないものであるが，人間環境のもう一つの要素である「人為的環境」の体験学習もそれらをよりよく理解するために必要なことである．そのことをしっかり認識されてのことと思うが，上に紹介した省庁連携の体験型環境学習のモデルとして「地元の企業や商店街などでの体験型環境学習」(中小企業庁との連携) というものが提案されていた (＊60)．

もちろん，人為的環境はこうした「街」というレベルのものばかりでなく，日常生活で使っている物品一つ一つから街で出会う自動車や建築物，また登山やハイキングなどの際に見かける「ダム」まで多様なレベルのものがあり，それらはいずれも「体験型環境学習」の対象となるものである．

先に藤村が体験学習の特色の一つに挙げていた「五感」を通しての「感性の磨き」は，ともすると自然的環境からでないとできないと考える人がいる

が，人為的環境でもできるはずである．そのことを自然界にも都会にも存在する「音」を取り上げて考えてみよう．

「音」といえば自然界では鳥の鳴き声，風の音など，都会ではさまざまな音楽，自動車や電車の走る音などが思い浮かぶが，それらを聞いたときにどのように感じるか．「心地よい」「美しい」「喧しい」「怖い」など人によってそれぞれに対する感じ方はさまざまであろう．

ところで，ここで取り上げられた「感性」という言葉については人によっていくらか違った意味で使われているが，筆者は大まかに「外界からの刺激（この例では音）を感覚・知覚する能力（感受性）」と考えているので，藤村のいう「感性を磨く」とはその能力を高めることになる．そうなると上の例のように自然的環境，人為的環境のいずれにおいても「感性の磨き」は可能である．

さらに大切なことは自然的環境，人為的環境（特に科学技術がかかわりをもった）それぞれにおける同じ種類の刺激（ここでは「音」）を「比較する」ことによって人間にとって望ましい「環境」（この例では「音環境」）とはどのようなものであるかを考えることができる．この「比較」という視点については次の項で改めて検討する．

BOX7: 成城学園初等学校「散歩科」の実践

　小学校の教科といえば多くの人は国語，算数，理科，社会などを思い浮かべるであろう．しかし，東京の世田谷区にある成城学園初等学校では「散歩科」とか「遊び科」などというめずらしい名前の教科が設置されている．創立以来，「子どもの視点に立った学校づくり」を理念としてきたこの学校では「自然と社会の教育」（社会科，理科，数学科），「技術技能の教育」（国語科，英語科），「情操の教育」（文学科，劇科，映像科，舞踏科，美術科，音楽科），「健康の教育」（保健体育科），「綜合教育」（遊び科，散歩科，読書科），「学校生活の教育」（教科外の教育）という六つの領域を設けたカリキュラムで学習が進められており，「散歩科」はその中の「綜合教育」の教科として，すでに

1946年から実施されてきている．

では，「散歩科」とはどのような教科なのだろうか．そこで大阪教育大学で生物学・理科教育・環境教育を研究し，大学院修了時から2013年3月までの23年間この学校に勤務し，そのうち約13年「散歩科」を担当した飯沼慶一さんに説明をしていただいた．

飯沼さんによれば，「散歩科」は「何をしにいく」という意識をもたない「ぶらぶら散歩」を原則としており，いく場所だけを決め，みんなでぶらぶら歩いていくものであるという．その際，教師の役割は，事前に下見をして子どもたちの興味のもちそうなものを紹介したり，子どもたちの見つけたものを一緒になって喜んだり，どんな発見もその子と一緒になって楽しむということであると．

飯沼さんは成城学園の「綜合教育」（「総合的な学習の時間」「総合学習」などと区別する意味で「総」でなく，「綜」という字を用いているそうである）は，経験を豊かにさせるという大目標のもとに設定されているが，その「経験」は「真の意味での経験」，すなわち「子どもの主体的・自主的な活動に基づく経験」「子どもたちの心の解放，開放につながる経験」であることが必要であるという．

その中で，"子どもが自主的であるがゆえの子どもたち同士のもめごとなども起こる．これらについて，その経験こそが大切であるということを学ばせたい．もめごとなどの中での心の葛藤，人の気持ちの痛みを理解することなどは，この時期にこそ経験してほしいことでもある"（遊び科・散歩科資料．2010年9月22日，教育改造研究会．成城学園初等学校）とも述べている．

では，実際に子どもたちは「散歩科」でどのような体験をしているのだろうか．飯沼さんから送っていただいた彼の論説（飯沼慶一「やる気を引き出す散歩の実践—"センス・オブ・ワンダー"を育むために」『教育改造』第122号，2012年12月，成城学園初等学校発行）から簡単に紹介してみよう．

その論説には子どもたちの活動の様子を示す写真が多く載せられている．まず，目に映ったのは，2メートルほどの壁をよじのぼったり，二股に分かれている木の幹をまたいだり，また，狭い空間をくぐりぬ

「散歩科」の学習の様子（提供：飯沼慶一）

けたりしている子どもたちの姿．1年のはじめでは3名が成功しただけだった「壁のぼり」が2年の夏休み明けには13名に増え，2年生の最後には何と34名ものぼることができたそうである．飯沼さんは大人にとって何気ない場所が，子どもたちにとっては「わくわく」させてくれるところであるという．

次に紹介するのは飯沼さんによって「ドクダミは鼻にくっつけられる」「ぎんなんはさすがに無理」「ぎんなんを焼く」「大人気のぎんなん」「干し柿」さらに「チクチクくっつき虫（イノコヅチなどのこと）」「くっつき虫だけどザラザラ」「スイバの花はふわふわ」などのキャプションがつけられた写真群．子どもたちはそれぞれの場面で必要な五感（現在，文部科学省では「諸感覚」という言葉に統一している）をしっかり働かせ，経験を豊かにしているようであった．生ではその臭さに耐えられなかった子どもたちが「焼いたぎんなん」の「美味しさ」に驚きと感動を抱いた情景などが浮かぶ．本書第4章〈4.3〉で紹介した「原体験」（触覚・嗅覚・味覚を重視する体験）もしっかり取り入れられている．

さらに，この論説では，ある児童が捕まえたダンゴムシがその子の手のひらで子ダンゴムシを産んだ話やせっかく手に入れたきれいなカラスウリの実を友だちに割られてしまい悲しんでいた女児が，飯沼さんのアドバイスでその実から種子を取り出し，それがコアラの顔形であることを見つけて，にっこりしたという話などが登場している．飯

沼さんは散歩中のこうしたハプニングを利用して教師が子どもたちと感動を分かち合うことが大切であると述べている．そうなると重要なのは「ぶらぶら散歩」に付き合う教師の「力」である．

　飯沼さんはこの論説の終わりで"センス・オブ・ワンダーを育むには，「感動を分かち合ってくれる大人が，すくなくともひとり，そばにいる必要がある」というカーソンの言葉のとおり，私たち教師の存在が大切になる"と述べている．

　実は飯沼さんはこの論考において環境教育の世界でしばしば取り上げられるレイチェル・カーソンの『センス・オブ・ワンダー』（上遠恵子訳：神秘さや不思議さに目を見はる感性，本書第5章参照）と「散歩科」とを比較し，両者が人々に訴えていることの共通性を見出していたのである．その一つが上に紹介した「感動を分かち合える大人の存在」である．

　2013年4月から飯沼さんは学習院大学に転任し，そうした大人（教師）の育成に励んでおられる．

（2）環境教育における「比較」（時間的・空間的）の意義と役割

　前項では環境教育における「体験」の重要性について取り上げたが，望ましいライフスタイルがいかなるものであるかを考える上で「体験」という視点とは異なった，もう一つの大切な視点がある．それが前項の最後にも述べた「比較」である．「体験」を「百聞は一見にしかず」という諺で表現すれば，「比較」は「井の中の蛙　大海を知らず」という諺に陥らないために必要な視点である．

　前項で事例として取り上げた「校区を流れる川の汚れ」を評価する場合，どうしても必要となるのはその川の「今」と「昔」（時間軸）の「比較」であり，また他の校区を流れる川など他の川（空間軸）との「比較」である．しかし，学習者が同じ時間的・空間的状況で「直接経験（体験）」できるのはまさに体験学習を行っている時，場に存在し，学習者に把握できる事象に限定され，それ以外の状況との直接的な「比較」はできない．そうなると頼りになるのが筆者のいう「間接経験」である．

「間接経験」の役割

たとえば,「昔,この川はもっときれいだった」とか,「隣の校区の川の方が汚れている」などの「言葉」(聴覚),あるいはそれぞれの「川の様子を表す文や写真」(視覚)などからの情報である.こうした「間接経験」を活用すれば,「比較」する対象は「時間軸」「空間軸」に沿って拡大させることができる.そこで「間接経験」を提供してくれるものを検討してみよう.

時間軸での「比較」といえば「現在から過去へ」と遡ることになる.先の「川」を例にすると,古くからの住民や川の専門家などの「話」を聞いたり,郷土史などの「資料」(文字,絵,写真など)を読んだり,見たり,さらには博物館,郷土史資料館などへ出かけ,そこの「展示物」(解説文,ジオラマ,過去にその川に生息していた生物標本,解説者の声など)を「見・聞き」するなどして必要な情報を入手することになる.なお,視覚障害者の場合には点字(触覚)が加わることになる.

いっぽう,空間軸での比較は自分の居住空間を基盤に上の例では校区,地域,県域などへと広げることができる.この場合でも「間接経験」の提供元は「話」「書物・資料」「写真・絵画」「標本・模型」などになる.もちろん,空間軸の場合は多少時間的差が生じるが,それぞれの地域を移動し,「体験」を通して「比較」することは可能である.前項で取り上げた「音環境」に関する自然的環境と人為的環境での「比較」はその例である.

「時間軸・空間軸の拡大」

ところで,この「比較」は身近な「時間」「空間」の段階に留めるべきものではない.本項のはじめでも述べたように「望ましいライフスタイル」を求めての「比較」である.したがって,「比較」の二つの視点(時間軸・空間軸)は可能な限り拡大することである.「現代の科学文明の再考」という視点からは「時間軸」では「科学文明」と過去のいくつもの「文明」との比較,「空間軸」でも科学文明下にある国や地域とそうでない国や地域(現代ではそうした状況のところは減少していて困難かもしれないが)との「比較」を可能にする「間接経験」の情報提供が必要になる.

ともすると「体験」の重視からこうした「間接経験」,特に教室などでの「座学」への批判が見られ,そこから得られる情報が軽視される傾向がある.

しかし，これまで述べてきたように「直接経験（体験）」と「間接経験」の両者からの情報によって真の「知識」が獲得され，その「知識」から「知恵」が生み出されるのではないだろうか．その意味でも環境教育の学習内容（第3章〈3.2〉）をしっかりしたものにしておく必要がある．

（3）環境教育における「共に学び，育つ」の意義と役割

環境教育の学習・実践方法として，もう一つ取り上げておきたいことがある．それは本章〈4.1〉でも述べたことであるが，環境教育における「共に学ぶ」「共に育つ」（環境「共」育）という視点である．環境教育関連の研究論文，実践報告，行政の報告書などを見ると，しばしば「参画」「協働」「パートナーシップ」という言葉が見られるが，これらはいずれも上に紹介した「視点」にかかわりをもつ言葉である．

このうち，「参画」は単に活動などに加わる，仲間入りするなどという意味の「参加」とは異なり，活動などの計画段階や運営などにかかわりをもつということである．また，「パートナーシップ（partnership）」は提携・共同・協力などと訳されるが，環境分野では社会を構成する住民，企業，市民団体，行政などさまざまな主体の間における協力関係を「環境パートナーシップ」と呼び，その場合には「協働」などと訳されている．そこで，これらの言葉が使われている論文や実践活動などを取り上げ，環境教育の「学習・実践方法」との関係を検討してみよう．

先に「学習主体」に関連して取り上げた生涯学習の研究者五十嵐牧子は"生涯学習施策として環境教育を行う際にも，「主体的な参画」を踏まえた「生涯にわたる学習」，「パートナーシップ」を踏まえた「多様な連携」，「to be」の生き方を踏まえた「現代的学習課題」，でなければならない"と論じている（＊61）．環境教育が自分たちのライフスタイルを問い直す教育であると考えている筆者は上に指摘されていることにほぼ同意する．ただ，気になることとして大人を含めた学習活動の場合，小中学生たちの「主体的な参画」がどこまで保障されるかということがある．

この「子どもの参画」については，五十嵐も上の論文で引用しているロジャー・ハート（Roger Hart，アメリカの環境心理学者，1950～）が人権問題や民主的な地域づくりなどからその重要性について早くから指摘しており，

そのあり方として，はじめの段階では大人の導きを受け，やがて子どもたちが主体的に取り組むという「参画のはしご」といわれている論を提唱している (＊62)．

最近では環境教育研究者の間でもハートの「子どもの参画」論への言及が見られ，子ども (小学生) を行動主体に育てることを目指している大森享は「参画のはしご」を実践の分析基準を検討する先行研究であると評価している (＊63) し，次章で取り上げる「食と農」にかかわる環境教育などを研究している野村卓は，「食農」分野の教育実践は子どもと大人双方が「相互承認」することによって成り立つものであると論じている (＊64) が，課題となるのは「参画のはしご」ののぼり方や「相互承認」(筆者なりに表現すると「お互いに認め合う」) の方法であろう．

ハートの「子どもの参画」論に関連して日本で見られるさまざまな実践活動を分析した心理学者の山下智也は，「子どもの参画」といいながら，ともすると大人の意図が見え隠れする傾向があったり，「参画能力の育成」のための学習に留まっていたり，いろいろ課題があることを指摘し，"そもそも「子ども主体」とはどのようなことなのかを検討する必要があろう．……単に個人内の性質として語られることではなく，むしろその場の関係性や，その場の変容自体の中から見えてくるものではないだろうか"と論じている (＊65)．

今，各地の自治体などで「環境教育推進法」(2003 年)，その改訂版である「環境教育等促進法」(2011 年) などを受けて，市民，事業者，行政などの「連携」「参画」などを謳った環境学習活動が展開されている．その場合，上に紹介した研究者たちの提言をしっかり受け止め，子どもたちを「参画ごっこ」の段階に留めるのでなく，「共に学び，共に育つ」という視点をもった活動が展開されることを期待している．

4.3.2 環境教育における学習評価論——「学力」とは何か

さて，本章の最後でぜひ取り上げておきたいことがある．それは「学習評価」に関連する「学力」ということである．筆者が「学力」という問題に関心を示す一つの理由は，「学力低下」という名のもとで環境教育を総合的に学習する場として好適な「総合的な学習の時間」の時間数が削減されたことに

ある.

　一般に教育活動には学習目標があり，その目標達成状況に関連して二つの視点から「評価」が行われる．一つは「教育を担当する側」（教員など）が提供した教授法や教材などに対する「評価」，もう一つはそれらを受け取る学習者の学習目標への到達度に対する「評価」である．この後者に関連して論じられるのが「学力」である．

　では，そもそも「学力」とはいかなるものであろうか．また，「環境時代」といわれる現代において求められている「学力」とはどのようなものなのであろうか．

（1）「学力」ということ

　「学力」という言葉を例によって辞典などで調べてみると「学問の力量．学習によって得られた能力．学業成績として表される能力」（『広辞苑』第六版，岩波書店，2008年）とか，「学習して得た能力．学問の効力」（『学研　漢和大字典』第32刷，学習研究社，1994年）などとある．これらの定義を前提にすると国語や算数・数学などの主要教科ばかりでなく，音楽や美術，さらには「総合的な学習の時間」などでの「学習」で「得られた能力」も「学力」といえるはずである．しばしば「学力低下」を嘆く人は事例として「分数計算ができない」とか「誤字だらけのレポートを書く」などを挙げるが，音楽鑑賞力や絵を描く能力が低下したなどとはあまり口にしない．

　「学力とは何か」に関しては，これまで教育界を中心に多くの議論が展開されてきている．たとえば，教育学者で教育評論でも活躍している尾木直樹は「学力」を「基礎」と「基本」とに分け，前者を「できる力」，後者を「わかる力」と称し，具体例として「読み書き」が「できる」のが「基礎学力」，その漢字の成り立ちや読みの法則性などが深く理解でき「わかる」のが「基本学力」であると説明している (*66)．その上で「基本」とは，人間が「基礎」的な力を駆使しながら生きていく上で，必要な判断力や深い共感力，創造力，構成力，分析・総合力のことであるとも．この分類に基づくと，「学力低下」を嘆く人がいう事例は「計算力」「漢字力」（漢字の読み書き能力）という「基礎学力」の不足ということになるのであろう．

　また，学校臨床学・教育社会学を専攻とする志水宏吉は「学力」を「A学

力」(知識・理解・技能〈容易に点数化しうる,狭い意味での「学力」〉,「B学力」(思考力・判断力・表現力〈ペーパーテストで測ることが難しいが,学校の成績などに大きくかかわる「学力」〉,「C学力」(意欲・関心・態度〈A,Bを伸ばすための基盤となる「学力」〉の三つに分類し,それを一本の樹木の「葉」(A),「幹」(B),「根」(C)にたとえ,「学力の樹」と呼んでいる(＊67).いうまでもなく,実際の樹木が大きく成長するためには根・幹・葉の三つがそれぞれの役割をしっかり果たすことが不可欠であるが,「学力の樹」もまた然りである.

(2) 環境教育における「学力」

そこで環境教育における「学力」について検討してみよう.当然,環境教育においても尾木のいう「基礎」「基本」の両者,また志水の「三つの学力」が重要な役割を果たす.ここで改めて説明するまでもないが,たとえば,尾木のいう「基礎学力」に関して前項で取り上げた「間接経験」を提供する資料・文献などに書かれている「言葉」が読めなかったり,統計図表などにある「数字の計算」ができなかったりすれば正しい情報を入手することはできない.また,「間接経験」にかかわる資料・文献などには人間環境に関連する多様な情報が含まれており,単に「読み書き,計算」ができるだけではそれらを理解することはできない.人間環境に関する一定の知識や思考力,分析・総合力など,すなわち尾木のいう「基本」や志水の「A学力」や「B学力」が,さらには「C学力」も必要になる.このことは「間接経験」ばかりでなく,「直接経験(体験)」の場合でもいえることである.特に「直接経験(体験)」では「知識」ばかりでなく,「共感する力」や「表現する力」などが果たす役割は大きい.

ところで,上に紹介した「学力」論はちょうど「ゆとり教育」と関連づけて「学力低下」論がクローズ・アップされていた当時のものであり,いずれも「学力」全体に関しての言説である.したがって,環境教育にとっての「学力」論ではない.

実は筆者はこれらの「学力」論も参考にしながら,環境教育にとって他にどのような「学力」が必要であるかを検討したことがある(＊68).その拙文(2007年)では,先に中教審が掲げた「生きる力」の中で提示した「他者へ

の思いやり」「相手の立場に立って考え，共感する心」の育成に注目し，その「他者」を個人のレベルに留めるのでなく，他の集団，他国の人々，他の人種や民族，他の生物へも考えを及ぼすことの大切さ，さらに他者への配慮の第一歩として，他者についてよく知ること，そのためには直接他者とふれあうこと，間接的な情報で知るよりも親しみや感動，思いやりが深まることなどを述べた．

当時，社会のムードとして勝ち組，負け組などの表現で「競争」をあおる傾向があることを感じ，悪しき形の「学力競争」が教育界に入り込むことを危惧したからである．環境教育はそれとは逆のそれぞれの「個性」や「多様性」を認め合い，お互いが「共存・共生」することを目指している．この「共存・共生の力」はまさに環境教育から生まれてくる「学力」である．

本項のはじめで筆者が「総合的な学習の時間」が環境教育にとって好適な場であると述べたが，それは「総合的な学習の時間」の実践校を訪れた際，お互いに共通したテーマに向かい合い，共に学ぶ中で，それぞれの特徴を知り，それを活用しながら課題を解決していく姿に接したからである．本節で取り上げた「参画力」も「共に学ぶ」一つの形であり，ここに示した「共に生きる力」につながることを期待したい．

引用文献

(*1) 『広辞林』第六版，三省堂，1994年．
(*2) 藤堂明保ほか編『新版　漢字源』学習研究社，1988年．
(*3) 鈴木善次監修，大阪府環境保健部環境局環境政策課作成，1996年．
(*4) 静岡県・静岡県教育委員会『環境教育・環境学習の実践に向けて―学校・地域・行政』初版2005年，第二版2011年．
(*5) 岡山県生活環境部環境政策課『岡山県環境学習の進め方』2009年．
(*6) 寺本　潔・和泉良司『環境学習シリーズ　エコアップ大作戦①学校編』大日本図書，1998年．
(*7) 中川志郎監修『地球をまもる　みんなの環境学習実践集』(全5巻) 岩崎書店，1999年．
(*8) 北野日出男・樋口利彦『自然との共生をめざす環境学習』玉川大学出版部，2002年．
(*9) 藤村コノヱ『環境学習実践マニュアル』国土社，1995年．
(*10) 鈴木善次「環境教育とは？　二十一世紀への新しい教育像」大阪府公立中学校教育研究会『中学の広場―学校における環境教育』144号，1995年，pp. 4–10．

（＊11） 高田　研・川島憲志「都市を生かした環境教育―人間／環境共育のすすめ」監修者：大来佐武郎・松前達郎，責任編集：阿部　治『環境教育シリーズ1　子どもと環境教育』東海大学出版会，1993年，pp. 160–175．
（＊12） NPO環境市民ホームページ（2013年1月14日検索）．
（＊13） 五十嵐牧子「生涯学習社会の視点から見た環境教育の意義」『文教大学附属教育研究所紀要』第12号，2003年，pp. 47–54．
（＊14） 堀　薫夫「人間の発達と生涯学習」香川正弘編著『生涯学習概論―生き生きとした学習主体の形成』東洋館出版社，1992年，pp. 90–100．
（＊15） 環境庁編，環境教育懇談会報告『「みんなで築くよりよい環境」を求めて』1988年．
（＊16） 佐島群巳『感性と認識を育てる環境教育』教育出版，1995年．
（＊17） 阿部　治「生涯学習としての環境教育」監修者：大来佐武郎・松前達郎，責任編集：阿部　治『環境教育シリーズ1　子どもと環境教育』東海大学出版会，1993年，pp. 2–16．
（＊18） 井上美智子「幼児期の環境教育普及にむけての課題の分析と展望」『環境教育』Vol. 14, No. 2，日本環境教育学会，2004年，pp. 3–14．
（＊19） 井上美智子「総説　幼児期の環境教育研究をめぐる背景と課題」『環境教育』Vol. 19, No. 1，日本環境教育学会，2009年，pp. 95–108．
（＊20） 兵庫県健康生活部環境政策局環境学習課『ちきゅうとなかよし　はじめのいっぽ―幼児期の環境学習・教育実践事例集』2008年3月．
（＊21） 藤森平司『見守る保育―実践から藤森平司が提案する保育カリキュラム』学研教育みらい，2010年．
（＊22） 今村光章・水谷亜由美「森のようちえんの理念の紹介―ドイツと日本における発展とその理念をてがかりに」『環境教育』Vol. 21, No. 1，日本環境教育学会，2011年，pp. 68–75．
（＊23） 今村光章「幼児期の環境教育の契機としての環境絵本の分析」『岐阜大学教育学部研究報告　人文科学』第56巻第1号，2007年．なお，今村は以下の論文で「環境絵本」の定義づけ分類など詳細な分析を行っている．今村光章「『環境絵本』の分類と制作過程の意義」『環境教育』Vol. 17, No. 1，日本環境教育学会，2007年，pp. 23–35．
（＊24） ①鈴木善次編著・溝辺和誠・森江里子著『さあ，始めよう！　身近なことから展開する環境学習』，『小学校「総合的な学習の時間」実践ブック4「環境編」』啓林館，1999年．②鈴木善次「地域教材を生かして環境の単元をどうつくるか」今谷順重編『「総合的な学習」指導の手引きNo. 2』「教職研修」増刊号，教育開発研究所，1999年，pp. 78–79．
（＊25） 京都市立粟田小学校『平成14年度　京都市教育委員会「21世紀の学校づくり」推進事業指定（2年次）　研究主題　主体的に学び，豊かに生きる子どもの育成―人権・環境をキーワードにした学習の充実と発展』報告書，2003年．

(＊26) 鈴木善次「コラム 環境教育シリーズ 『環境教育』から見た『学力』とは」『CS研レポート』Vol. 60, 啓林館, 2007年, pp. 80–83.
(＊27) 山本俊光「幼少期の自然体験と大学生の社会性との関係―親の養育態度をふまえて」『環境教育』Vol. 22, No. 1, 日本環境教育学会, 2012年, pp. 14–24.
(＊28) 中川昌子「幼少期の自然体験が大学生の農業意識に与える影響―大学農学部における農業実習活動を通して」『環境教育』Vol. 18, No. 3, 日本環境教育学会, 2009年, pp. 3–14.
(＊29) 「〈座談会〉過去に学び、今を知り、未来を探る―日本環境教育学会の20年から」『環境教育』Vol. 19, No. 1, 日本環境教育学会, 2009年, pp. 53–67.
(＊30) 鈴木善次, 前出 (＊26).
(＊31) 鈴木善次「大学教養課程における環境教育―実践報告と問題点」『環境教育研究』Vol. 6, No. 7, 1983年, pp. 3–10.
(＊32) 井上美智子, 前出 (＊19).
(＊33) こどもエコクラブ全国事務所, 日本環境協会 (2013年1月24日検索).
(＊34) 環境省資料より計算, 2013年1月25日検索.
(＊35) 「環境カウンセラーの活動状況」で検索. 2013年1月25日.
(＊36) 環境学習施設ネットワーク編『環境学習施設レポート』2007年9月.
(＊37) 前出 (＊36).
(＊38) 平成23年文部科学省生涯学習政策局社会教育課調査, 文科省ホームページより. 2013年2月4日検索.
(＊39) 鈴木善次・渡辺美春「博物館における環境教育―その可能性の検討」「私たちの環境教育」㊽『週間教育資料』, 1993年6月7日, pp. 14–15.
(＊40) 千葉県立中央博物館ホームページ. 2013年2月3日検索.
(＊41) 新井重三「エコミュージアム」佐島群巳ほか編『環境教育指導事典』国土社, 1996年, pp. 242–243.
(＊42) 木俣美樹男「農山村エコミュージアムにおける環境教育プログラム」『シリーズ「農林・環境教育セミナー」第5集 農業教育と環境教育の結合』筑波大学農林技術センター, 1991年, pp. 35–50.
(＊43) 中川志郎『動物園学ことはじめ』玉川大学出版部, 1975年, pp. 65–106.
(＊44) 松本朱実「来園者にとっての動物園」『動物園研究』Vol. 2, No. 1, 動物園研究会, 1998年, pp. 22–25.
(＊45) 大丸秀士「動物園も今や環境教育」(ポスター・セッション) 日本環境教育フォーラム・清里環境教育ミーティング '95, 1995年.
(＊46) 松本朱実, 前出 (＊44).
(＊47) 高橋宏之「環境教育の視点から見た動物園展示の意義―生態的展示と動物行動学的展示を中心に」『環境教育』Vol. 11, No. 1, 日本環境教育学会, 2001年, pp. 2–10.
(＊48) 堀川真代・若生謙二・上甫木昭春「ランドスケープ・イマージョン概念に

基づく生態的展示に対する意識評価に関する研究―天王寺動物園を事例として」『環境情報科学論文集』第 18 号，環境情報科学センター，2004 年，pp. 37-42.
(＊49) 向 平和・前田洋一「社会教育施設を活用できる教員の養成への試み―とべ動物園との連携による教材づくり」『大学教育実践ジャーナル』第 10 号，2012 年，pp. 39-44.
(＊50) 谷村載美「学校ビオトープを活用した環境教育に関する研究 (Ⅱ)―都市部における学校ビオトープの展開とその教育効果」『大阪市教育センター研究紀要』第 137 号，2000 年，pp. 1-38.
(＊51) 日本生態系協会編『目がかがやいているね，ビオトープ―全国学校ビオトープ・コンクール 2007 より』日本生態系協会，2008 年．
(＊52) 佐島群巳『感性と認識を育てる環境教育』教育出版，1995 年．
(＊53) 大羽 豪「直接経験の科学」梅津八三ほか監修『新版心理学事典』平凡社，1994 年，p. 186.
(＊54) 土屋耕治・吉田俊和「直接経験・間接経験が行動意思決定に与える影響」『対人社会心理学研究』第 10 号，2010 年，pp. 139-146.
(＊55) 降旗信一「自然体験学習とは何か」朝岡幸彦・降旗信一編著『「子どもとおとなのための環境教育」シリーズ 2　自然体験学習論―豊かな自然体験学習と子どもの未来』高文堂出版社，2006 年．
(＊56) 山田卓三ほか「学習の基礎としての原体験」『日本科学教育学会　年会論文集 13』1989 年，pp. 119-120.
(＊57) 小林辰至・山田卓三「環境教育の基盤としての原体験」『環境教育』Vol. 2, No. 2，日本環境教育学会，1992 年，pp. 28-33.
(＊58) 山田卓三ほか，前出 (＊56)．
(＊59) 藤村コノヱ『環境学習実践マニュアル』国土社，1995 年．
(＊60) 文部科学省「省庁連携子ども体験型環境学習事業」　www.mext.go.jp/a_menu/shougai/.../pdf/mext_03_b_01.pdf　2013 年 3 月 7 日検索．
(＊61) 五十嵐牧子，前出 (＊13)．
(＊62) ロジャー・ハート著，木下 勇・田中治彦・南博之監修，IPA 日本支部訳『子どもの参画　コミュニティづくりと環境ケアへの参画のための理論と実際』萌文社，2000 年 (原書，1992 年，1997 年)．
(＊63) 大森 享「子どもと環境教育―学校環境教育論」朝岡幸彦編著『「子どもとおとなのための環境教育」シリーズ 1　新しい環境教育の実践』高文堂出版社，2006 年，pp. 32-51.
(＊64) 野村 卓「環境教育における食と農の教育論―食農学習論」朝岡幸彦編著『「子どもとおとなのための環境教育」シリーズ 1　新しい環境教育の実践』高文堂出版社，2006 年，pp. 106-127.
(＊65) 山下智也「子ども参加論の課題と展望―ロジャー・ハートの『子ども参画』論を乗り越える」『九州大学心理学研究』第 10 巻，2009 年，pp. 101-111.

（＊66）　尾木直樹『「学力低下」をどうみるか』NHK出版，2002年．
（＊67）　志水宏吉『学力を育てる』岩波新書，2005年．
（＊68）　鈴木善次，前出（＊26）．

第5章
環境教育の「統合的プログラム」

　環境教育では人間環境を構成する「大気」「水」「音」「生物」などそれぞれの「環境要因」(「環境要素」ともいう)に焦点を当てて学習する場合が多い．しかし，私たちは実際にはそれらが複雑に組み合わされた「総体としての人間環境」の中で生活している．したがって，自分たちのライフスタイル(文化・文明)を問い直すためには，各環境要因に関する知識を基礎にお互いに関連づけながら可能な限り自分たちの環境を「総体」という視点で検討することが望ましい．しかし，さまざまな環境要因を関連づける方法はそう簡単には見出せない．そこで「一つの環境要因」を軸に学習の流れを組み立てるという方法を考えてみた．本章〈5.1〉ではその二つの具体例を示した．

　いっぽうで，すでに第2章で環境教育と関連する学問，第3章で同じく環境教育と関連する教育について紹介したが，それらとのつながりも「総体としての人間環境」を把握する上で大切なことである．そこで本章〈5.2〉では関連学問・教育分野からそれぞれ一分野を取り上げ，それと環境教育とを組み合わせた学習プログラムの概要を示してみよう．

5.1　人間環境の基本的要因からのアプローチ

　人間にとっての基本的環境要因といえば，「生物としてのヒト」という視点で重要な「空気」「水」「食べ物」などが思い出される．その他に「光」「熱」などの「エネルギー」や生活の場でもある「土」などを挙げることができるが，ここでは統合的プログラムの軸として「食べ物」と「水」を取り上げる．

　筆者が酸素呼吸動物である人間にとって不可欠な「空気」を取り上げないで「食べ物」「水」を事例にする理由は，それらがプログラムの軸として立てやすい内容を含んでいるということもあるが，より重要なことは「空気」に

比べて自然的・人為的環境の制約から質的・量的に必要な時間，場所などで人々が意のままに入手しにくく，近年ではグローバルにもその状況が強くなっているという印象をもつからである．

以下に，それぞれの学習の流れを紹介する．学習にあたっては，各項目にある「解説」などを参考にしていただこう．

5.1.1 「食環境」を軸にした統合的プログラム

（1）本プログラムの名称
名称：『「食環境」を軸にした「総体としての人間環境」の学習——「食べ物」の来し方，行く末』

（2）本プログラムの学習目標
学習目標：「食環境を軸に総体としての人間環境やそこに見られる環境問題への関心，理解を深め，より望ましい持続可能なライフスタイル（文化・文明）の構築に向けての知識・能力・態度・実行力などを身につけること」

　解　説

筆者は第3章で「食農教育・食育」に関連して「食環境教育」なるものを提唱した（*1）．この教育に筆者が与えた定義は「食環境を軸に人間環境やそこに見られる環境問題への関心，理解を深め，より望ましいライフスタイル，大きくは文明のあり方を考え，それを実現する能力・態度・実行力を身につける活動」というものであるが，この定義にいくらか修正を加えると本プログラムの学習目標と重なる．

（3）本プログラムの構成
上記「学習目標」達成のために本プログラムでは次に示す三つのステップを設ける．学習はこの順に全ステップで行われることが望ましいが，学習者の年齢や学習環境などに応じて時間的・空間的視野の広げ方，あるいは学習の順番の変更など柔軟な対応が必要である．

　ステップ 1．「食環境」「食環境問題」の現状とその検討

　ステップ 2．「食環境」「食環境問題」の時間的・空間的視野拡大による検

討

ステップ3.「食環境」から他の人間環境への視野拡大による「総体としての人間環境」の検討

(4) 本プログラムの学習内容
【ステップ1】「食環境」「食環境問題」の現状とその検討

導入:「食べ物」(ご飯,パン,肉,野菜など)の「来し方」(食べ物の原料入手から調理などを経て食卓に並ぶまで)から「行く末」(食事,消化・吸収,排泄,し尿処理,残飯処理など)までを考える.学校など集団で行う場合には学習者どうしで話し合い,それぞれの食生活状況の共有化を図ることも大切である.また,本プログラムで取り上げられる用語について共通認識をもつことが必要であり,学習者の年齢に応じて適時その学習を取り入れていく.

  解　説

「食」の意味:上の導入文にもある「食生活」に含まれている「食」という言葉の使い方には大きく二つの立場がある.一つは辞典などにある ① 食べること(食事),② 食べ物(食物)の二つの意味に留める立場と,もう一つは「食べ物」の生産から消費まで全体を指す言葉として使用している立場である(*2).「食生活」を使う人は前者の立場が多いが,筆者は後者の立場である.

「食環境」の意味:多くの人は「食」と同様に「食事」「食べ物」の状態を指して用いるが,筆者は「『食べ物』の『生産』から『加工・流通』を経て『消費』までの各段階で『人間環境』として直接・間接に『関わり』をもつ事象のすべて」を「食環境」と定義している(*3).

「食環境」となる事象

ここでは「導入」で学習者が取り上げた「食べ物」を中心に「食環境」となる事象にはどのようなものがあるかを下の「解説」などを参考に検討する.学習者が取り上げる「食べ物」には少なくとも主食,副食を1品目ずつ含むとか,一つの食品で「生産」から「消費」までを追跡するなどグループごとに視点を変えて行うことも多様な「食環境」を把握する上で有効であろう.

  解　説

以下に「食」の各段階における主な「食環境」を記してみる.

「生産」段階（ここでは飼育・栽培のほかに狩猟・漁撈・採取も含む）：① 食用生物（たとえば，イネ，豚など）自体，② 食用生物入手の技術（狩猟・採取・飼育・栽培，品種改良，肥料・農薬・農機具などの開発）および関連事象（水，空気，土，光，肥料，農薬，農機具など），③ 食用生物の飼育・栽培，漁撈などを行う農地，漁場，④ 農業・漁撈などの従事者など．

「加工・流通」段階（「加工」と「流通」を同じ段階にしているのは「食べ物」の種類によって前後関係が異なったり，分業化していなかったりするためである）：① 加工食品（原料段階も含む），保存食品，② 保存技術および関連事象（防腐剤，冷蔵・冷凍，保冷車など），③ 加工・調理（料理）技術および関連事象（味視覚・栄養などの調整を目的とした添加物とその開発など），④ 加工・保存関連の事業所および従事者（関連技術の開発者も含む），⑤ 食品流通関連事業所（食品市場など）および従事者，⑥ 食品販売（小売業）および関連事象など．

「消費」段階（この段階を指して「食事環境」という言葉が使われることもある）：①「食品（食べ物）」自体，② 調理（料理）にかかわる技術および関連事象（調味料などの添加物，調理器具など），③「食事」をする場（自宅の食堂，レストランなど），④「食事」にかかわる人（調理する人，共に食事をする人など），⑤ 買い物（小売業者と消費者との関係）状況など．

「食環境問題」ということ

次に「食環境問題」といわれるものについて検討する．この場合，一般の環境問題と同様，環境主体（たとえば，「食」の嗜好，「生産者」「消費者」という立場など）によって評価が異なる．したがって，学習にあたってはいろいろな環境主体の立場からの検討が必要である．また，すべての「食環境」を取り上げるよりもそれぞれ学習者が「食環境」を検討する際に取り上げた食品（たとえば米，豚肉）について各段階の「環境問題」の存否をチェックし，学習者どうしで異なった食品がある場合には比較検討することも「食環境」のあり方の考察に参考になるであろう．

　解説

ここでも「食環境」の各段階における主な例を紹介しておこう．

「生産」段階では，① 食料の生産量不足（冷夏，猛暑，旱魃，長雨，暴風な

ど天候による農作物の不作，魚介類の不漁など，民族紛争など内戦に伴う国内状況など），② 食料の質的問題（有害な農薬残留，栽培方法に伴う栄養の劣化，遺伝子組み換え作物によるアレルギー問題など．農薬問題では有機栽培などの対応も見られている），③ 生産者の農薬被害，あるいは農機具・農薬・化学肥料などの購入に伴う経済負担の問題など．

「加工・流通」段階では，① 食品の質的問題（「加工」に使われる着色料，防腐剤など添加物問題など），② ステップ3でも取り上げる地域環境に関連するが，都市や過疎化の進んだ農村で生活する高齢者の「買い物弱者」的状態も「流通」「消費」段階における「食環境問題」である．③「生産」と「流通」の二つの段階にかかわる懸念される問題として「食料自給率」が浮かび上がる．この問題についてはステップ2で改めて取り上げる．

「消費」段階では，「加工・流通」段階で紹介した①と②がそのまま該当するが，③として「食料」不足を挙げることができる．これは「生産」段階の①と密接にかかわる問題であり，異常気象や内戦などによる食料生産量の低下が多くの「飢餓」に喘ぐ人々を生み出している．④ 前項で取り上げた「食事環境」と呼ばれる事象に含まれるが，食事の際の「孤食」「個食」「欠食」も栄養，コミュニケーションなどで問題があるという指摘が早くから見られてきた(*4)．そのこともあって食育基本法（2005年）が制定され，「共食」運動など，その改善へ向けての努力もされているが，最近の『食育白書』の統計結果によると小学校5年生の朝食の個食率が2007年度11.4%，2010年度15.3%，また同じく子どもだけの朝食率が，それぞれ21.5%，25.0%と増加しており，改善の兆しは見えていない．この場合には親の共働きの影響もあるようで(*5)，ステップ3のテーマ「他の人間環境への視野拡大」，ここでは社会（特に経済）環境へつながる事例である．

【ステップ2】 「食環境」「食環境問題」の時間的・空間的視野拡大による検討

ここで学習者は現代から人類史を遡り，また現在地からグローバルな視野をもってそれぞれの時代や地域における多様な「食環境」の状況を第1章〈1.3〉の「食環境の変化」や下記の「解説」や図8などを参考にしながら把握し，それらと現在の自分たちの「食環境」との比較検討を行う．その際，

物指しとしてほしいことは「人間にとって『食の豊かさ』とは何か」ということである．その上で学習者なりに描いた「食の豊かさ」にとって本書が視座としている「科学文明」，特に科学技術がどのような役割を果たしてきているかも考察していただこう．

解 説

はじめに**「時間的視野の拡大」**であるが，これは「食環境」から見た人類史の検討ということである．筆者は以前，"「環境」という視点でとらえると，人類の歴史は「より豊かな食環境」を求めて努力してきたライフスタイル改変の足跡である"(*6)と述べた．大まかにいうと自然生態系の一員という枠に長く留まっていた「狩猟・漁撈・採取時代」(「食」の「生産」から「消費」までが一体的)，そこから離れ，飼育・栽培という技術を用いた農業生態系を生み出し，より安定して「食べ物」を獲得することが可能になった「農業時代」(後半には階級分化，都市化が進み，「生産」から離れた人々が多くなった)，さらに産業革命以後，さまざまな科学技術を取り入れた「農業の工業化時代」(「生産」「加工・流通」「消費」の分業化が進んだ)という流れである．

日本における「農業の工業化」は明治時代から徐々に始まっていたが，第二次世界大戦後，特に1950年代からの農業の機械化，化学肥料・農薬依存型栽培の導入などによって急速に進むことになる(*7)．それに伴って主食である米の場合，その「生産」量は1965年度で1897(明治30)年度の約2.5

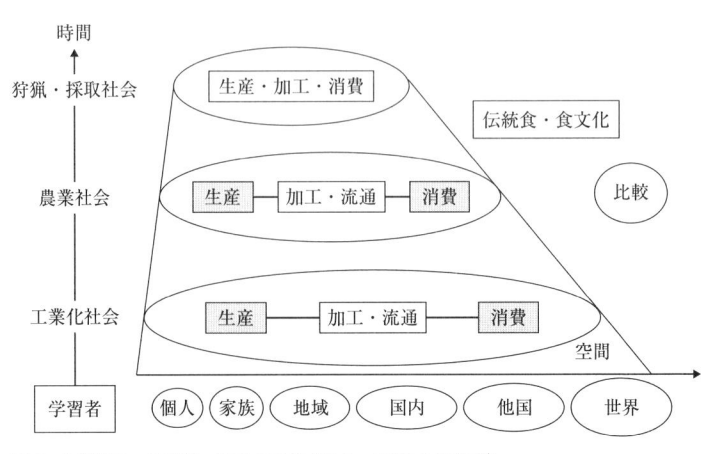

図8　「食環境」の時間・空間の交差(鈴木，2009より作成)

倍（単位面積当たりでは約2倍）と大幅に増加している．なお，最近では「食」の多様化で「米離れ」が進み，2010年度と1965年度を比較すると作付面積が半減，収穫量も3割減であるが，単位面積当たりの収穫量は逆に約1.4倍となっており，「農業の工業化」のプラス面が浮かび上がる（*8）．しかし，ステップ1で紹介したように，この過程で農薬・防腐剤などの添加物問題や工業化に伴う「生産」者の経済的負担などさまざまなマイナス面が問題となってきた．これらをどう評価するか．

次に**「空間的視野の拡大」**に移ろう．ここでは現在自分たちが手にしている「食環境」と国内の他地域や世界の国々とのかかわりの状況，同じく自分たちの「食環境」と国内外の各地で見られる食生活・食文化との比較などから望ましい「食環境」のあり方を検討することになる．以下にその検討のための視点を二つ紹介してみよう．

一つは「食のグローバル化」という視点である．現在，我が国では多くの食料・食品（冷凍食品なども含む）が輸入されているが，食の自給率（2010年度カロリーベースで約39％，生産額ベースで69％）もかかわって，「食の量的・質的安全性」を危惧する声が聞かれる（*9）．この自給率に関してはカロリーベースでの低さが問題にされることが多いが，中には生産額ベースをもとに日本が農業大国であるという主張も見られている（*10）．いずれにせよ，この自給率の問題は同じくグローバル化に関連して見える「食の不公平な配分」（飽食と飢餓）とともに，次のステップ3でも取り上げる社会（政治・経済など）的環境とかかわりをもっている．したがって，日本の産業構造の中で農業をどう位置づけるかなどの検討が必要となる．

二つめは「食の工業化」（食べ物の大量生産・大量消費）によって生まれた「食の画一化」という視点．最近では付加価値をつける意味で「特色をもたせた食品」などが生み出されるようになり，その流れで地域の伝統食，食文化の復活も見られるようになっている．また，「地産地消」という言葉とともに，地域に根ざした「食環境」をつくりだそうという動きも見られる．

もともとそれぞれの地域や国などに存在してきている食文化は，その土地の気候風土に適して育った生き物（食材）をもとに長い経験を通して生み出されたものであろう．そうであれば，その地に暮らす人々にとって良好な「食環境」を考える上でさまざまな知恵が含まれているはずである．「食の画一

化」と「多様な食文化」を比較検討することも，今後の「食環境」を考える上で意味がある．

【ステップ3】　「食環境」から他の人間環境への視野拡大による「総体としての人間環境」の検討

　ここでは，「大気」「水」「エネルギー」などの基本的環境要因のみでなく，「地域」「森林」「経済」なども含めた人間環境にも目を向け，それらと「食環境」との関連性を検討し，「総体としての人間環境」を認識する「力」を身につけることが目指されている．以下にいくつかの事例で具体的関連性を検討してみる．

　解　説

　まず**「水環境」**とのかかわりについて．農作物などの生物にとってもともと水は生存上不可欠な物質であり，飼育・栽培時に農作物などに与えられる水はそれらにとって重要な「水環境」であるが，同時に人間の「食環境」における「生産」段階での環境要因でもある．ここでは「食環境」という視点で間接的に人間とかかわりあうことになる水（結果として「水環境」）について考えてみよう．

　近年では対策も講じられ少なくなったが，過去にしばしば「生産」段階で農地に使われた化学肥料や農薬が雨などの働きで河川・湖・海などの「水圏」へ流れ込み，その結果，化学肥料は海や湖の富栄養化とそれに伴う「赤潮」（淡水ではアオコ）を生じさせ，農薬は水質汚染をもたらし，人々に「水環境問題」として影響を与えた．同じようなことは「加工」段階の事業所からの産業排水や「消費」段階の家庭からの生活排水でも見られたことであり，現在でもありうることである．これらの場合は「食環境」にかかわる行為を通して自分たちが間接的に「水環境」の環境主体になったということである．

　また，最近注目されている「バーチャル・ウオーター」（仮想水）でも「食環境」と「水環境」とのかかわりが見える．早くからこの問題に取り組んできた沖大幹らによれば，この「バーチャル・ウオーター」とは食料を輸入するとき，仮にその食料が国内で生産される場合に必要となる水のことであり，ロンドン大学のアンソニー・アラン（Anthony Allan）が1990年代に提唱したものであるという（＊11）．沖らによって示されている具体的数値を紹介す

れば，身近な食べ物の水消費原単位は牛丼（並盛り）で1890リットル，ハンバーガー2個＋ポテトSで2020リットルなどである．食堂で外国産肉使用の牛丼を食べるとき，その「生産」地における「水環境」の環境主体になったという意識をもつことが必要である．

次に「**大気環境**」とのかかわりの例を挙げてみよう．「大気」の場合も「水」と同様，飼育・栽培されている動植物は呼吸を通して，また植物は光合成によって自分たちが環境主体として飼育・栽培空間の空気と直接的なかかわりをもっているが，その空気は人間の「食環境」という視点でも「生産」段階での重要な環境要因である．もちろん，このような物質的な立場だけでなく，気圧，風，気温，湿度などの状態でも両者にとっての重要な環境要因となっている．

では，「水環境」で見られたような「食環境」を通して人々が間接的に「大気環境」の環境主体になるような事象としてはどのようなものがあるだろうか．たとえば，「流通」段階での食料運搬用自動車から，また「生産」段階の促成栽培に使われる暖房用重油の燃焼に伴い，それぞれ排出されるガスが大気中に入り，大気の組成や気温などに変化を与えたとすれば，そうした行為をした人は間接的に「大気環境」の環境主体になったということである．地球規模的にはアマゾンの熱帯林を農地に開墾したことにより，森林のもつ光合成力を減少させ，結果として大気中の二酸化炭素濃度を増加させたという話も同じようなことであろう．

最後に**その他の環境要因および複合された環境**との関係を列記しておこう．上に挙げた食料運搬用自動車や促成栽培での暖房用ボイラーなどは，それらが使う燃料を通して「**エネルギー環境**」，農地での化学肥料の多用などによって生じた土壌汚染や土壌流失の問題は「**土壌環境**」，熱帯林伐採の件は「**生物多様性**」，また，ステップ1の「食環境問題」で取り上げた個食，孤食問題や食の分配のアンバランス（飽食と飢餓など）は「**社会（政治・経済など）環境**」，都会や過疎化した農村に暮らす高齢者の「買い物弱者」的状態は「**地域環境**」，というように一つの「環境要因」やそれらの複合体へと視野を広げることができる．

以上，いくつかの事例で「食環境」とその他の人間環境とのかかわりを取り上げた．次に取り上げる「水環境」とともに，「総体としての人間環境」の

把握に役立つことを期待したい．

（5）本プログラムの学習方法

ところで，環境教育全体にも当てはまることであるが，この学習においても可能な限り「直接的経験（体験）」を組み入れることが望ましい．自分たちが毎日口にする「食べ物」がどのように「生産」されているか，米づくりなどの体験者とそうでない人では「食べ物」に対する思いや対応に違いが見られる．最近では学校教育で農業体験の機会が増えており，従来から行われている校庭につくられた小さな「田んぼ」や「バケツ田んぼ」などでは味わえない事象（田んぼに暮らす生き物たちなど）に触れることができるという反面，「つまみ食い的」体験に終わっているという批判もある．それでも情報をすべて「間接経験」から入手する場合に比べれば，学習者の「食環境」に対する認識の深みは大きいであろう．なお，「つまみ食い的」でもよいので，「加工・流通」「消費」の段階でも可能な限り「体験」学習を期待したい．

もちろん，学習者の年齢，学習環境，学習テーマ（たとえば，「食環境」の時間的・空間的拡大）などによって「体験」できないことはあり，その場合には当然，「間接経験」（書物，映像などの資料）に依存することになる．

5.1.2 「水環境」を軸にした統合的プログラム

（1）本プログラムの名称

名称：『「水環境」を軸にした「総体としての人間環境」の学習——飲み水の来し方から行く末まで』

（2）本プログラムの学習目標

学習目標：「水環境を軸に総体としての人間環境やそこに見られる環境問題への関心，理解を深め，より望ましい持続可能なライフスタイル（文化・文明）の構築に向けての知識・能力・態度・実行力などを身につけること」

解　説

前項で取り上げた「食環境」と同様，ここでも可能な限り「総体としての人間環境」が認識できる人材育成を目指している．生物の一員として当然「人

間と水」とのかかわりは人類史の始まりから不可分のものであったが，科学文明が発達した現在，その関係にいろいろな課題が見られるようになっている．そこで，本項では「水環境」を軸にして自分たちのライフスタイルを再検討する学習のあり方を取り上げることにする．

（3）本プログラムの構成

本プログラムの学習目標達成のために以下のような学習内容を取り上げる．「食環境」の事例と同様，三つのステップを順にすべてを学習することが望ましいが，学習者の年齢，学習環境などに応じて柔軟に対応する．

　ステップ1.「水環境」「水環境問題」の現状とその検討
　ステップ2.「水環境」「水環境問題」の時間的・空間的視野拡大による検討
　ステップ3.「水環境」から他の人間環境への視野拡大による「総体としての人間環境」の検討

（4）本プログラムの学習内容

【ステップ1】「水環境」「水環境問題」の現状とその検討

　導入：ここでは「飲み水」の「来し方」（水源から飲料水の取り出し口まで）から「行く末」（使用後，下水処理場，河川，海などへ）までを考えるのであるが，まずは学習者自身の「飲み水」の由来を考えてもらうことである．その理由は自分の問題として捉えることが学習への参加意欲を高めることにつながるからである．おそらくほとんどの学習者は水道水を取り上げるであろう．しかし，解説にもあるように地域によって水道水として供給される状態が異なっているし，世界的に見ると水道の普及していないところも多く見られるので，そのことに気づくようにアドバイスすることも必要である．

　解　説

日本ではほとんどの家庭が水道水を「飲み水」として使っており，2011年厚生労働省の発表（*12）では水道普及率は97.6％であるという．しかし，水道水といっても上水道だけでなく簡易水道や専用水道も含んだ数値であり，地域によってその割合も異なっている．また，世界的な状況として「蛇口から直接飲める水が出る国は11カ国」で，そのうち全国で可能なのが日本と

スイス，他は限られた都市という情報がある(*13)．ただ，国によって水道事業の形態（飲み水はペットボトル販売など）が違うこともあるので，その状況から単純に「水環境」の良し悪しを判断することはできない．

「水環境」について

ここでの学習は**導入**で取り上げた「飲み水」を糸口に「水環境」に該当する事象を拾い出し，後半の「水環境問題」につなげ，人間にとっての水環境の意義やあり方を検討する素地をつくることを目指すものである．そのためには「水環境」という言葉についての共通認識をもつ必要があるので，はじめに「水環境」の定義について検討し，次いで「導入」で取り上げた「飲み水」，その中でも「上水道」を経て供給される「飲み水」を軸にして，「水環境」に該当すると思われる事象を見出す活動を行う．

|解　説|

筆者は「『水環境』とは環境主体と直接・間接にかかわりをもつ『水』（気体・液体・固体三態いずれも）およびそれに関連する事象のことである」と定義する．ここで大切なことは，第1章で取り上げた「環境」という概念が成り立つためには「環境主体」の存在が必要であるということの再認識である．いうまでもなく，ここでの「環境主体」は人間である．「飲み水」は「生物としてのヒト」という立場で誰もが「環境主体」になる代表的な「水環境」である．

「食べ物」の場合に「生産」から「消費」へという流れがあったように，「上水道」の場合でも川や貯水池から取り入れられた「原水」が浄水場で浄化され，「飲み水」に変えられ，各家庭など水の消費者へ配られるという流れがある．筆者の定義に基づけば，「原水」や「飲み水」はもとより，「取水」「浄水」「給水」などに関係ある技術，装置（水道管など），施設（取水塔，浄水場など），使用される物品，さらに従事者などもその「飲み水」を使う人にとっては「水環境」ということになる．それだけではなく，「原水」のもとをたどると支流を含めたその川の流水や流域に降った雨や雪など，あるいはそれらを地中に蓄える森林や土壌などの事象も直接・間接にかかわりをもつ．そうであれば，これらを「飲み水」を使う人にとっての「水環境」としてもよいのではないか．このあたりは議論の余地があるのかもしれない．その点につ

いてはステップ3で検討することにしたい．なお，ここでは「飲み水」の「原水」を河川水に限定して述べたが，地域によって「湖水」「海水」「井戸水」などの場合があることも認識しておく必要がある．

ところで，「飲み水」に関連しては「行く末」も気になることであり，その方向でも「水環境」になる事象は見出せるが，それらについては次の「水環境問題」の項で取り上げることにして，「飲み水」から離れて人間にとっての「水環境」となりうる別の事象を探してみよう．

その一つは「飲み水」のような「資源としての水」（農業用水，工業用水はこの仲間）ということでなく，人々が「楽しみ」や「安らぎ」などを求めて，「水遊び」「水辺の風景のスケッチ」などでかかわりをもつときの海や川（水自体および周囲の事象）などである．筆者の定義では，当然それらはその人たちにとって「水環境」となる．なお，こうした人々の心にかかわる環境を「精神的環境」とか「内なる環境」と呼ぶことがあるが，「楽しみ」や「安らぎ」という「心」（脳の働きによってもたらされる？）を生み出す刺激のもとは，海や川など「外に存在する事象（外なる環境）」である．

このほか，先に「飲み水」の話で取り上げた雨や雪などの自然的事象の「水」は，しばしば直接人々とかかわりをもつ．その場合，いうまでもなくかかわりをもった人にとっての「水環境」である．

「水環境問題」について

次に「水環境問題」を扱う．ここでも確認しておきたいのは環境問題にも必ず環境主体が存在し，その環境主体と環境とのかかわりが好ましくない状態を指して環境問題というのであり，環境主体を考えない抽象的な環境問題は存在しないということ．そうなると同じ「環境」となった事象でも環境主体によって好ましく感じたり，そうでなかったりすることがある．学習を展開する際，特に学校教育など集団での学習では，そのことを念頭に置く必要がある．以下の「解説」などを参考に，「水環境」に関連する「環境問題」の学習を進めていただこう．

[解 説]

ここでは，すべての「水環境問題」に触れることはできない．そこで筆者が強調しておきたいことに関するいくつかの事例を取り上げる．

まず,「水環境問題」としてしばしば取り上げられる「水質汚濁・汚染」について. 前項で「飲み水」の「行く末」が気になっていると述べたが,家庭などで使われた水(生活用水)は使用後,排水穴から下水道を通り下水処理場に運ばれ,活性汚泥などの働きで浄化され,川などに流される. この過程で見られる排水もそれにかかわる諸事象も,家庭などでその水を使用する人にとって「水環境」である. しかし,自分がその環境主体であるという認識をどれだけの人がもち続けているだろうか. 筆者が「行く末」を気にしていたというのはこのことである. ここで筆者が強調しておきたかったことは,「環境と環境主体のかかわり」は双方向で考える必要があるということ.

同じく「水質汚濁・汚染」に関連して強調したいことは,科学研究や科学技術開発のあり方の検討である. その事例として,すでに第1章〈1.3〉で取り上げた「水道水のトリハロメタン汚染」を再登場させよう. これは下水処理場で取り入れた下水中に含まれていた有機物質とそこで使用された塩素が反応し,発がん性のあるトリハロメタン(いくつかの類似した物質の総称名)が発生したという問題. 現在,私たちの「生活」の中には多種多様な合成化学物質が存在している. それらの物質については実用化する前にそれなりの調査がされているはずであるが,上記のような「予想外」の反応が起こることもある. この事例では高度浄水処理と称してトリハロメタンの発生を防ぐ方法が採用されるようになったが,科学技術の欠陥を新たな科学技術の開発で補うという方式がどこまで続きうるのかという課題が残る.

次に自然的事象の「水環境」における環境問題について検討してみよう. 上に述べた環境問題と環境主体の関係でいえば,「飲み水」の原水になる水源に降る雨,人々が「楽しみ」を求めてかかわりをもつ海,それらが平常な状態でも環境主体によっては評価が異なる場合があるが,逆に同じ環境主体でもかかわりをもつ「環境」の自然的事象が平常状態でなく,豪雨や高波になるときもある. それらとかかわりをもった人にとっては「水環境問題」になる可能性は大きい. 2011年の東日本大震災のときの大津波は,「水環境問題」どころか「総体としての人間環境問題」を生じさせた.

そのほか「水環境問題」としてしばしば取り上げられるのが「水不足」である. ステップ2での検討課題であるが,日本は世界の中で比較的水に恵まれているといわれる. それでも渇水期があり,貯水池,ダムなどの水量が減

り問題になることがある．「飲み水」などの生活用水，水田などに送られる農業用水を貯水池やダムなどに依存している人々にとっては，大きな「水環境問題」である．

【ステップ2】「水環境」「水環境問題」の時間的・空間的視野拡大による検討

ここで「時間的視野拡大」としては人類史をいくつかの時期に分け，それぞれの「水環境」の特徴を探り出し，それらの間での「比較」検討を行う視点での学習，また「空間的視野拡大」では自分の居住域から地域，県域，国内，他国，世界へと視野を広げ，「食環境」の場合と同様，自分たちの「水環境」と他の地域，他の国などとのかかわり，自分たちの「水環境」と他の地域，国などの「水環境」との「比較」という二つの視点，での学習が考えられる．それらについて，以下の解説などを参考にして学習内容などを検討していただく．

解 説

はじめに**「時間的視野の拡大」**について検討してみよう．

いつの時代でも，人間は自分たちにとって質・量ともに安心・安全な「飲み水」を求めて行動するものである．すでに第1章〈1.3〉でも述べたことであるが，都市文明誕生以前には「飲み水」は身近にある河川，池，井戸などの水源から入手し，その「安心・安全」については長い時代における「経験知」に基づいて対応していたのであろう．

古代都市文明が誕生し，人々が狭い地域に集中して生活するようになると，質の面はともかくとして，「飲み水」の量的確保を目指して郊外の水源地から消費地まで「上水道」を敷設する対策がとられた国もある．まだ科学文明社会に入る前の日本でも，100万の人口を抱えた江戸で，「玉川上水」など「飲み水」用に「上水道」がつくられたことはよく知られている（＊14）．

科学文明時代になってからは工学，生物学・医学（特に細菌学）分野の進歩もあって，都市域での「飲み水」の「安心・安全」の度合いは高まった．しかし，同じ科学文明時代でも石油をさまざまな生活資源として利用するようになり，いわゆる「石油文明時代」（20世紀後半〜）になると新たな「水環境問題」が生まれ，「飲み水」の「安心・安全」が問われるようになる．

次に**「空間的視野の拡大」**に移ろう．ステップ2の学習内容に関する文で述べた二つの視点のうち，ここでは主に自分たちの「水環境」と他の地域，他の国などの「水環境」とを比較する学習に関連する事柄を取り上げる．

今，グローバルな立場で論じられているのが水不足問題である．世界平均の約1.8倍の降水量をもつ日本で暮らす私たちはなかなかその意識をもちにくいが，国連の報告によれば，2025年までに世界人口の半分に当たる35億人以上が水不足に直面するという(*15)．その理由として人口増，それに伴う飲料水，食料生産に必要な農業用水，さまざまな工業製品の生産のための工業用水などの増加に対して，水の供給源である降水，地下水などの減少が挙げられている．

ここで重要なことはそうした事象が地球上どこでも平均的に起こるのでなく，先の降水量のことからもわかるように気候風土の違いがあり，また政治・経済・社会などの動きもかかわって，国や地域によって異なる可能性があるということである．すでに東アフリカは大旱魃に見舞われているし，「水戦争」などという言葉のもと，水資源の獲得競争のようなことが各地で起こっている状況である．いうまでもないが，この水環境に関する学習での「空間的視野の拡大」は，けっしてそうした「水戦争」に加わるためのものでなく，お互いが置かれた「水環境」の状況を認識し，共に望ましい「水環境」構築の「知恵」を出し合うための学習である．

【ステップ3】　「水環境」から他の人間環境への視野拡大による「総体としての人間環境」の検討

ここでは，これまでの二つのステップでの学習を受けて，「水環境」(特に「飲み水」の「来し方」「行く末」)を軸に他の人間環境とのかかわりを検討する学習が行われるのであるが，以下の「解説」ではこれまでのステップの場合と同様，主な事例を取り上げることにする．

　解　説

「飲み水」からの視野拡大でまず見えてくるのが**「大気環境」**であろう．「飲み水」の原料の一つ雨水が大気中に含まれている水蒸気であることを知っているからである．もちろん，大気は呼吸作用，気圧，気温などで人間と直接的にかかわりあっているので人間にとって重要な「環境」(大気環境)である

が，「水環境」とのかかわりを通して見えてくる事象を学習することで「総体としての人間環境」を認識する一歩になるであろう．その事象の一つを挙げれば，「地球温暖化」と「降水量」との関係である．気温の上昇は水圏などからの水蒸気の発生量を増加させたり，大気の循環を変化させたりする．その変化は降水量にも影響を及ぼし，気象庁発表のデータによれば年ごとの変動の幅は大きいものの，日本の降水量は増加傾向にあるという(*16)．

次にその降水との関係で「水環境」と結びつくのが森林などの「**生物的環境**」である．川の上流にある森林は「自然のダム」ともいわれる役割を果たし，人間にとっては間接的な「水環境」の構成体である．いっぽうで，森林は自分自身の「生きる」方策として光合成作用を行っており，その結果，大気中の二酸化炭素量を減少させる役割も果たしている．その視点で捉えると森林は人間にとって間接的な「**大気環境**」でもある．そこに生えるキノコや野草などを採取する人にとって森林は直接的な「**生物的環境**」であり，同時に「**食環境**」ともなる．「飲み水」の延長を離れると，「食べ物」となる生物が生息する水圏（海・湖・河川など）も，視点を変えることによって直接・間接の濃淡はあるものの「生物的環境」「食環境」，そして「水環境」として位置づけることができる．なお，「水環境」と「食環境」の関連では，先の「食環境」の項目で取り上げた「バーチャル・ウオーター」の話題がある．

また，河川に戻ると日本の各地に水力発電のためのダムがある．『電気事業便覧（平成22年版）』によると，その数は1727で火力発電の2791を大幅に下回っている．それでも最大出力で全体の約17%を占める数値が載せられ

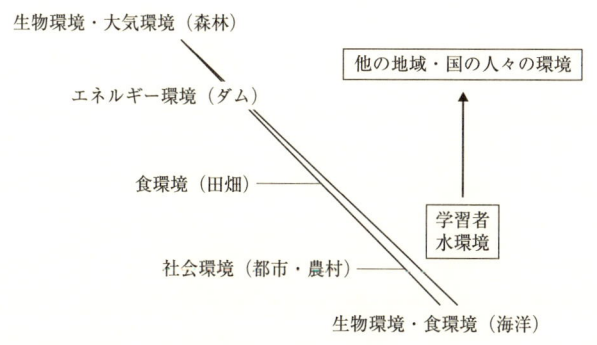

図9　「水環境」から他の環境へ（鈴木，原図）

ている（*17）．電気は環境という立場では**「エネルギー環境」**であり，現代の科学文明社会を維持していく上では欠くことのできないものである．2011年に起こった東日本大震災による「原発事故」をきっかけに「エネルギー環境」の問題が大きく浮かび上がってきているが，環境教育においても真剣に検討すべき学習分野である（図9参照）．

（5）本プログラムの学習方法

「食環境」のところでも述べたが，環境教育では可能な限り「直接経験（体験）」による学習活動を取り入れてほしい．「水環境」の学習では学校教育の場合，社会科で「浄水場」や「下水処理場」の見学が行われる．もちろん，こうした「水環境」に関連する施設について体験を通して知識を深めることは有益であるが，できれば「飲み水の来し方から行く末まで」という流れの中に位置づけての見学であることを期待する．そうなると，取水地から川を遡って，また逆に下水処理場の排水口から川を下って，というような体験も必要になる．最近では「総合的な学習の時間」を活用した「水環境」学習もしばしば見られているし，また学校を離れて，地域の「こどもエコクラブ」などで宿泊を伴った流水域全体をフィールドに「水環境」学習を行っているところもある．

もちろん，「間接経験」による「水環境」に関する情報の入手も大切である．特に近年における地球規模での「水不足問題」が取り上げられている状況では，ビデオなどビジュアルな媒体で国外の情報を積極的に取り入れた学習が必要である．

5.2　環境教育と関連する教育・学問分野からのアプローチ

第3章で環境教育とかかわりをもついくつかの教育を取り上げ，両者がどのようなかかわりをもつかを簡単に紹介した．ここではその中からSTS教育，環境文学を取り上げ，統合的プログラムを提案してみる．

5.2.1 環境教育とSTS教育の統合的プログラム

(1) STS教育について

環境教育との統合相手としてSTS教育を取り上げる．そのためにはSTS教育とはいかなる教育であるかを説明する必要があろう．そこで以前（1990年），筆者・原田智代・玉巻佐和子が環境教育とSTS教育の関連性について公にした論考(*18)などを参考に，STS教育とは何か，またどのような背景・経緯でSTS教育が登場するようになったか，さらにその現状はどうであるかなどを大まかに紹介する．

まず，上に紹介した筆者らの論考で定義したものに修正を加えたSTS教育の定義を示そう．すなわち，「STS教育とは『科学』(science)，『技術』(technology)，『社会』(society) 三つの関連性を認識・理解し，科学や科学技術のあり方を考え，そのあり方についての意思決定能力，態度，行動力などを培うことを目指す教育である」と．なお，STSという言葉そのものは科学や技術を社会的文脈において捉えるという立場を指したもので，STS教育のほかに，その基礎ともなるSTS研究が見られる．

次に，STS教育登場の背景と経緯であるが，1960年代に環境問題が顕在化し，その背景に科学技術が存在することが認識され，人間にとっての科学や科学技術の意味やそのあり方が問われるようになった．さらに1970年代には，それに関連して科学教育のあり方を問い直す動きが見られるようになる．それまでの科学教育では「科学は中立」「科学は善」などを前提に，科学の思考方法や科学によって得られた概念・法則などの学習に主眼が置かれ，科学や科学技術を社会的文脈，たとえば政治や経済など社会との関係，あるいは科学者の社会的責任などという視点で学習者が考える機会はほとんど見られなかった．それを見直すべきだというのである．

こうした考えは一つの教育改革運動となって，1970年代中ごろ大学レベルでのカリキュラムづくりと実践がイギリスで始まり，1980年代には中等教育レベルにも広がり，イギリス，アメリカ，カナダ，ドイツなど広く欧米諸国に普及していく．日本では，1970年代から1980年代前半にかけて，筆者を含めて大学レベルでSTS的視点からの講義がいくつかの大学で行われるようになった(*19)．さらに1980年代後半には，高校レベルでの実践研究も見ら

れるようになる(*20).

ところで，中等教育レベルでのSTS教育の場合，①日常の現象を通して科学知識をわかりやすく理解させようという立場と，②科学自体や科学と社会のかかわりなどを理解させようという立場があり，前者はアメリカのアイオワ大学の科学教育研究者イエーガー(R. E. Yager)を中心とする活動で，「STSアプローチ」ともいわれる「科学教育」内の活動である．いうまでもなく，筆者が本章で取り上げているのは後者の立場のものである．

(2) 環境教育とSTS教育との関連性

では，このSTS教育と環境教育とはどのような関連性があるのだろうか．前項で述べたようにアメリカでは1980年代後半にはSTS教育の活動も盛んになり始め，その中で環境教育との関係を論じた研究が見られるようになる．その一つがラバー(P. A. Rubba)のものである．彼は両者の学習目標に共通性があることを報告し(*21)，目標に四つのレベルを置き，STSに関する基礎知識を身につけ，STS問題に関心と認識をもち，STS問題を研究する能力を身につけ，STS問題解決への行動技能をもつようにさせようというものであった．これは同じアメリカの環境教育研究者のハンガーフォード(H. Hungerford)らの環境教育目標を参考にしたものである(*22)．

筆者は本書などを通して環境教育が自分たちのライフスタイル，大きくは現代の科学文明を問い直し，より望ましい持続可能な文明構築を目指す教育活動であると論じてきた．その立場からすると，科学文明の中心的存在である科学技術を社会的文脈で捉え直す「力」を育てるというSTS教育の目標と筆者の環境教育の目標はほとんど重なっているといっても過言ではない．

この科学文明を問い直すという立場から見て，さらに大切なものとして筆者は歴史的視点があると考え，以下のような科学史・技術史教育の目標も総合する形の目標レベルを共同研究者の原田智代とともに作成した(*23)．

ステップ1. 科学(科学史)，技術(技術史)，社会，環境についての基本的概念などの理解

ステップ2. これらの関連性についての認識，環境問題やSTS問題への関心

ステップ3. 環境問題とSTS問題の研究と解決方法の模索

ステップ4．環境問題，STS問題の解決に向けての行動技能・評価

これまでのSTS教材の中にも歴史的視点を加えたものがいくつか見られていたが，たとえば，エネルギー問題の場合，せいぜい発電システムの時代的変化が扱われる程度であった．科学文明の再検討という立場からすると，人類史においてエネルギー獲得方法がどのように変化してきたかという全体の流れが理解できるような学習が必要である．こうした時間軸を導入したSTS教育の実践が科学史家の山田俊弘によっても行われている（＊24）．具体的には日本の地震の歴史を素材にしたものであり，江戸時代からの大震災（安政江戸地震，濃尾大地震など）を取り入れたモデルを提唱している．

（3）環境教育とSTS教育を統合したプログラムの事例

ここでは先に紹介した筆者・原田によって1990年に作成された「動力技術」をテーマに大学生を対象に実践したプログラム（＊25）をもとに，改めて環境教育とSTS教育とをつなげた「統合的プログラム」を提案してみよう．

> プログラムのテーマ：「動力技術の変遷と人間環境の変化
> ——科学・技術・社会の関連性を考える」

学習目標

人間生活に不可欠な「動力技術」を事例に，「科学」「技術」「社会」および「人間環境」のかかわりを歴史的視点から検討し，人間にとって望ましいライフスタイル，大きくは文明のあり方について考え，その実現に役立つ「力」を育む．

学習の対象者

高校生から社会人まで（学習内容をやさしくすることによって，中学生にも適用することは可能）．

学習教材の構成

「動力技術の変遷」を軸にして，それと (イ)「科学」の発達との関係，(ロ)「社会（政治・経済など）」システムの変化との関係，(ハ)「人間環境」の変化との

関係，などを学習する教材構成

学習内容項目

①狩猟採取・農耕社会時代のエネルギー供給の形態と人間環境

　動力：人力，畜力，水車，風車．自然環境の破壊は少ない．労働環境は改善？ 畜力の利用と農業経済社会，水車の普及時期（技術利用と社会の需要）．

②蒸気機関の登場と人間環境の変化とその要因

　燃料（薪・木炭）供給と森林破壊，産業の大規模化と環境の悪化（鉱業による自然破壊，煤煙による大気汚染，水質の悪化，人口集中による都市問題など），日本における蒸気機関の利用と社会の変化．

③電磁気学の発達による発電技術の開発と環境の変化

　水力発電とダムによる河川環境の変化，火力発電（石炭・石油・天然ガス）と資源・環境問題，原子力発電と環境問題（核物質による汚染，温排水など），電気の利用と人間生活の変化．

④環境に配慮した「循環型エネルギー」開発の現状と課題

　太陽光発電，風力発電など「クリーン・エネルギー」の実用化，適正技術の開発と課題など．

⑤技術開発・浸透に及ぼす社会的要因

　水車の発明時期（ギリシャ時代）と普及時期（中世）のずれ，核兵器開発と原子力発電．

　　なお，上の学習内容項目を「技術（科学技術を含む）」「科学」「社会」「人間環境」という枠で再編成すると以下のようになる．

1．動力技術の歴史的変遷：人力，畜力，水車，風車，蒸気力，電力．
2．関連科学の動向：気体化学，電磁気学，核物理学など．
3．社会経済システムの変遷：狩猟・採取経済，農業経済，産業化経済，情報化社会など．
4．動力技術の発達と人間環境の変化との関連：人口増加，都市への人口集中と衛生状態，大気汚染・水質汚濁・廃棄物問題・核物質汚染，交通手段や情報システムの変化．

学習の展開例

以下は基本的流れを示すものであり，個人学習，グループ学習などによって具体的な進め方は異なってくるであろう．たとえば，ステップ1での各分野の調査を分担方式にするなど．また，高校・大学など決められた学習時間があるところでは，各ステップの時間配分は柔軟に行う．学習者の状況に応じて，あらかじめ上の「学習内容」に関連した情報を提供することもよいであろう．たとえば，ステップ1,2に関しては教師側から提供された情報に基づき学習し，ステップ3,4について学習者どうしで検討しあうという形．

ステップ1. 「動力技術」「自然科学」「社会（政治・経済）システム」「人間環境」それぞれの歴史的変遷の概要を把握し，主だった出来事（「産業革命」「近代科学の誕生」など）や特徴（「環境破壊わずか」など）となる言葉を準備する．

ステップ2. 図表づくり→縦軸に時代（古代，中世，17c, ..., 21c）を記し，横軸には「動力技術」「自然科学」「社会（政治・経済）システム」「人間環境」という四つの項目欄をつくり，そしてステップ1で準備した言葉をそれぞれの該当する位置に記入する（図10参照）．

ステップ3. 「動力技術の変遷と自然科学の変遷」「動力技術の変遷と社会

（ワークシート）

時代	科学	技術	社会	人間環境
古代		人力	農業経済	
		畜力		
		水力(水車)		
中世		風力(風車)		
17c	力学			
18c	気体化学	蒸気力	工業化社会	
	熱学			
19c	電磁気学	電力		
		水力発電		
		火力発電		
20c	核物理学	原子力発電		
21c		再生可能なエネルギー技術	情報化社会	

図10 動力技術の変遷と環境の変化——科学・技術・社会の関連を考える（鈴木・原田，1990を一部改変）

(政治・経済) システム の 変 遷」「動 力 技 術 の 変 遷 と 人 間 環 境 の変化」それぞれの関連を考える．

ステップ 4．「動力技術」「自然科学」「社会 (政治・経済) システム」「人間環境」の関連性を考察し，持続可能な社会の構築に向けて，それらのあるべき姿についての考えをまとめる．

〈参考〉

学習者に科学 (S)・技術 (T)・社会 (S)・人間環境 (E) に関連した以下のような問題を提示し，ステップ 3, 4 の学習の参考にすることもよいであろう．また，①〜⑥が S・T・S・E の何がかかわる課題かも考えさせる．

①人力，畜力の時代と人間環境の関係を考察しなさい．
②水車は古代に発明されていたが，中世末にならないと普及しなかった．それはなぜか．
③蒸気機関の出現は人間環境にどのような影響を与えたか．
④電磁気学の発達と発電技術の関係を考察しなさい．
⑤核物理学と原子力の関係を考察しなさい．
⑥動力技術の変遷と人間環境の関係を考察しなさい．

学習にあたっての留意点

環境教育では単に知識の習得ではなく，環境問題や STS 問題に関心を示し，学習者自らが積極的に活動し，それらの問題の解決に向けての行動力を獲得することが望まれる．そこで学習に際しては，以下のことに留意する必要がある．

①学習能力を育む——資料の利用法 (資料の見つけ方，資料の整理の仕方) を身につける．
②評価能力を育む——学習者自らの価値観を考える機会をもつ．他の学習者の価値観と比較する．学習者間の討議の機会をもつ．
③学習にあたって教師は助言者の立場で対応し，価値観などの押しつけにならないようにする．

(4) 今後の課題——合意形成のあり方

以上，STS 教育および環境教育と関連づけた STS 教育の意義やその学習のために開発したプログラムなどの紹介を行った．最近では原発をはじめ，遺伝子組み換え技術，生殖医療技術など科学技術と現実の社会とのかかわりで課題も多くなってきており，STS 研究や STS 教育の重要性もますます高まっている状況である．その場合，課題となるのが人々の合意形成をどう図るかということである．

科学史家であり，科学技術政策論などを手がけてきている小林傳司は，早くから科学技術などの専門家と市民との話し合いの場としてのコンセンサス会議の試みを提案してきている (*26)．この会議の特徴はあくまでも市民が主人公であり，専門家は専門的知識を提供するに留めるという立場．また，研究分野として小林の流れを汲む平川秀幸は，科学や科学技術のあり方を社会の側から問い直すという提案を行っている (*27)．これらを通して小林や平川が主張していることは，科学や科学技術のあり方は単にそれらの専門家や政策実行者だけでなく，実際に使う市民の参画，合意形成のもと決められるべきであるということである．当然，STS 教育はそうした合意形成のあり方を視野に入れて，学習者の「力」を育てることになる．

ここで筆者が強調しておきたいことがある．しばしば「必要は発明の母」といわれることがあるが，「誰が何のために必要か」という視点をもってほしいということである．最近では，大方の人にとっては必要性がなくても企業論理などで研究開発が進められ，やむなくそれを使わざるをえない状況に追い込まれる人もある．そのような人にとって科学技術環境は改善されるのでなく，改悪されているのであろう．

5.2.2 環境文学と環境教育の統合的プログラム

教育分野ではないが，近年注目されてきている環境研究分野の一つに「環境文学」がある．環境教育との関係では，自然観察会などでよく取り上げられるレイチェル・カーソンの著作『センス・オブ・ワンダー』(1965 年) がその一つの作品である．ここでは「環境文学」に焦点を当て，環境教育との統合的プログラム作成の可能性を探ってみる．

(1)「環境文学」とは

　そこで，まず「環境文学」とはどのような学問であるかをいくつかの文献や資料などに示されている「定義」的な言葉から紹介してみよう．

　加藤貞通（名古屋大学）によれば，「環境文学」とは「自然と人間との関係を主題とするノンフィクション・エッセイ」である「ネイチャーライティング」（自然環境を扱う野外ガイド，日記，紀行文，科学的または哲学的，文明論的考察，ドキュメンタリー映画なども含む）と詩，小説，演劇など従来の文学ジャンルの自然環境に関する著作とをあわせた広範囲な概念である(*28)．また，高津祐典によれば1980年代後半アメリカで，自然を描くノンフィクションの「ネイチャーライティング」という研究分野が確立したが，環境問題の顕現化を背景に対象範囲が広がり，「環境文学」となったという(*29)．

　中島邦雄は"エコロジーが科学的・技術的な問題に終始するように見えても，文学もまたエコロジーを深める可能性をもつのであり，むしろエコロジーの根源にあるとも言うことができる．ここでは，このような特性をもつ文学作品を環境文学と名付けたい"と述べ，それに該当する文学作品の例として，H・D・ソローの『ウォールデン』，H・パーシェの『ムカラ』，石牟礼道子の『椿の海の記』を挙げている(*30)．

　また，立教大学の野田研一は学生へのガイダンスの文で，"ネイチャーライティングがノンフィクションの分野に限定されるとすれば，「環境文学」とは，自然環境をめぐる文学の総称です．その範囲はノンフィクションを含め，詩，演劇，小説など多岐にわたります．つまり「環境文学」とは，人間が行う自然環境＝世界をめぐる読み＝解釈（interpretation）行為の所産です"という紹介をしている(*31)．それぞれ強調点に違いはあるものの，野田のいう「自然環境をめぐる文学」という枠は共通しているので，ここではとりあえず，この枠を採用しておくことにする．

　この環境文学やエコクリティシズム，広く環境思想，環境を巡る言説などに関心をもつ人たちに呼びかけて，"文学における自然・環境に関する内外の研究，情報を交換し共有することを目的"に「文学・環境学会」なるものが1994年に発足している．"自然や環境の問題を文学の観点から検討すること，また文学研究に自然や環境の問題を導入することで，積極的な役割を果たす"という．以来，現在までその目的に沿った多様な活動が続けられてきている．

会員の中には環境教育分野の人もおり，その点からも環境教育とのかかわりが期待される．そこで次に両者のかかわりについて触れてみよう．なお，「エコクリティシズム」とは，大まかにいうと「近年の地球規模での環境破壊状況を受けてエコロジカルな思想を取り入れて行う文学批評のジャンル」のことである．

(2) 環境文学と環境教育の関連性

環境文学を「自然環境をめぐる文学」という枠で捉えると，環境文学，環境教育それぞれの研究・学習対象に「自然(的)環境」が含まれているという共通点が見出せる．ただ，ここで再確認しておきたいことがある．それは，「自然」とか「自然的事象」でなく，「自然(的)環境」というように「環境」という言葉がついている限り，そこにかかわる研究者・学習者は「環境主体」を念頭に置き，「環境」という視点で「自然(事象)」と向き合う必要があるということである．環境教育の場合は人間が環境主体であるが，環境文学もそうであろう．そのことを前提としたとき，いずれの分野でも研究・学習成果には環境という視点をもった自然認識・理解が含まれているはずであり，「環境文学作品」もそうした性格をもった研究・学習成果であることを期待したい．

ところで，第4章〈4.3〉などで述べたように環境教育では自然的環境，人為的環境いずれにおいても，可能な限り直接経験(体験)学習が実施されることが期待されている．しかし，現実には間接経験(文献・資料・バーチャルなど)に頼る部分も大きい．そうした間接経験を提供してくれる文献・資料などには，先人たちが蓄積してきた当該環境に関する知識や知恵などの情報が充満しているはずである．環境文学作品もそうした情報源の一つであり，すでに環境教育の学習教材や学習活動の指針となっているものもある．それが本項のはじめに紹介したレイチェル・カーソンの『センス・オブ・ワンダー』である．

最近，環境文学関連の研究グループ(エコクリティシズム研究会)によって種々の文学作品を「環境」という視点で考察した研究書(*32)が出版された．その中にもカーソンの著作『沈黙の春』とカーソンの遺稿集『失われた森』が取り上げられている．そこで，次の項でこれらカーソンの著作を中心にし

て環境文学という切り口から環境教育実践のプログラム案を考えてみることにしよう．なお，この著書のサブタイトルに「エスニシティ」「ジェンダー」という言葉があるが，これらは筆者から見ると人間環境にかかわる事柄であり，採録された作品からも環境教育に役立つものが見出されるであろう．

（3）環境文学を活用した環境教育プログラム——レイチェル・カーソンの作品を事例に

レイチェル・カーソンとヘンリー・ソロー

まず，レイチェル・カーソン（R. Carson，1907～1964）について簡単に紹介しておこう．カーソンはアメリカの海洋生物学者であるとともに作家として活躍した人として広く知られている．『森の生活―ウォールデン』（1854年）の著者でアメリカ環境文学の先駆者ともいわれているヘンリー・デイヴィッド・ソロー（H. D. Thoreau，1817～1862）の影響を受けた一人である．文学・環境学会の上岡克己は，ソローとカーソンの二人が"共に「世界を変えた」本を書いたことでよく知られている"（*33）と紹介している．

では，それらの本とは何であろうか．上岡が挙げているのはカーソンの場合は『沈黙の春』（1962年），ソローのものでは『森の生活』ではなく，『市民の反抗』（1849年）．この本は当時の奴隷制度などを批判し，税金不払いを実行し，投獄された彼の経験に基づき個人の良心に訴えるという内容のもので，後にマハマト・ガンジーの独立運動，マーティン・ルーサー・キング牧師の黒人解放運動に大きな影響を与えたものである．『市民の反抗』の訳者飯田実によればガンジーはこの本を肌身離さずもち，「非暴力の抵抗」を続けたという（*34）．

いっぽう，カーソンの『沈黙の春』はDDTなど農薬を事例にして人間環境の悪化を危惧し，ライフスタイルのあり方を問い直すことを訴え，当時の大統領ケネディらに環境問題の重要性を認識させ，アメリカをはじめ広く世界で環境保全活動が展開されるきっかけとなった本であり，ソローの『市民の反抗』とともに上岡の「世界を変えた」本としての資格を有している．

筆者はここでソローとカーソンのそれぞれの著作で類似していることがあることに気がついた．それは前者の『市民の反抗』に対応するものとして後者の『沈黙の春』を位置づけると，前者の『森の生活』に対応する後者の作

品が『センス・オブ・ワンダー』ではないかと．『森の生活』も『センス・オブ・ワンダー』も人間と自然とのかかわりを考えるきっかけを与えてくれる．このように眺めてくると，環境文学の先駆者ソローの思想を受け継いだカーソンの著作を環境教育の学習プログラムづくりに活用する意味は大きい．

> プログラムのテーマ：「『センス・オブ・ワンダー』と
> 　　　　　　　　　　『沈黙の春』をつなぐもの」

学習目標
同一著者による二つの文学作品を通して，この著者がもつ自然観，環境観などを見出し，そこから今後の人間の生き方について自らの考えをもつ「力」を培う．

学習対象
高校生レベル以上．

学習教材
① 主教材：『センス・オブ・ワンダー』(*35)，『沈黙の春』(*36)．
② 副教材・参考資料：「海の三部作」〈『潮風の下で』『海辺』『われらをめぐる海』〉(*37)，『失われた森』（レイチェル・カーソンの遺稿集）(*38)など．

学習内容
① 『センス・オブ・ワンダー』および『沈黙の春』を読み，それぞれの概要を把握し，著者が主張していることを要約する．
② 二つの作品における著者の主張を比較検討し，両者を通しての著者の主張を見出し，それについての学習者の考えを人間環境という視点でまとめる．

学習の展開
学習者が単独の場合には①，②いずれにおいても自学自習であるが，可能

な限り同様の問題に関心のある人との意見交換の機会を生み出してほしい．学校や社会における研修会など集団での学習の場合には，①，②の内容に関して意見を出し合い，討論する機会を設ける．

学習にあたっては副教材・参考資料などを読み，カーソンの「自然観」「生物観」などを学び，参考にする．

　解　説

『センス・オブ・ワンダー』(The Sense of Wonder) について

すでに述べたように，ここで取り上げる『センス・オブ・ワンダー』は環境教育，特に自然観察学習や自然体験学習の視点から活用されてきている．たとえば，アメリカでは「Teaching Kids to Love the Earth」(*39)というカーソンの考えを取り入れたプログラムが作成され実践されているし，日本でも「センス・オブ・ワンダー」という名前の自然体験活動のグループや筆者も所属しているレイチェル・カーソン日本協会など，いろいろな団体で取り組んでいる．

では，カーソンの考えとはどのようなことであろうか．『センス・オブ・ワンダー』の訳者であり，レイチェル・カーソン日本協会会長の上遠恵子は「センス・オブ・ワンダー」に「神秘さや不思議さに目を見はる感性」という訳語を与え，子どもたちがそうした感性を保ち続けることが大切であること，そしてこの著書の中でカーソンが語っている次の言葉が重要であり，環境教育の中で広範に読まれていることを紹介している (*40)．すなわち，

　「わたしは，子どもにとっても，どのようにして子どもを教育すべきかを頭をなやませている親にとっても，『知る』ことは『感じる』ことの半分も重要でないと固く信じています．

　　子どもたちがであう事実のひとつひとつが，やがて知識や知恵を生みだす種子だとしたら，さまざまな情緒やゆたかな感受性は，この種子をはぐくむ肥沃な土壌です．幼い子ども時代は，この土壌を耕すときです」(上遠恵子の訳書より)

幼児教育の研究者竹内通夫は上に引用した文章の前後も含めて，この部分が『センス・オブ・ワンダー』の一番中心部分で，カーソンの環境哲学，いな大きく，人生観・世界観が示されているところであると述べている (*41)．学習者はこの文章をどのように受け止められるか．

『沈黙の春』(Silent Spring) について

次に『沈黙の春』であるが，『センス・オブ・ワンダー』に比べて分量 (17 章より構成) が多く，また内容的にも農薬の解説部分など化学知識を必要とするところもあり，読み進めるのに時間がかかるかもしれない．カーソンははじめの章 "A fable for tomorrow (明日のための寓話)" でアメリカのどこにでもあるような架空の町を想定し，"There was a strange stillness. (自然は，沈黙した．うす気味悪い) The birds, for example—where had they gone? (鳥たちは，どこへ行ってしまったのか)" (*42) という有名な言葉を含んだ寓話を導入にして，以下に続く 15 の章で現実に世の中で起こっている DDT に代表される農薬など化学物質による環境汚染の状況や問題点を科学的論拠に基づきながら「安易な技術主義」を批判し，最後の章 "The other road (べつの道)" で "長いあいだ旅をしてきた道は，すばらしい高速道路で，すごいスピードに酔うこともできるが，私たちはだまされているのだ．その行きつく先は，禍いであり破滅だ．もう一つの道は，あまり《人も行かない》が，この分れ道を行くときにこそ，私たちの住んでいるこの地球の安全を守れる，最後の，唯一のチャンスがあるといえよう" (*43) と述べ，これまでとは違ったライフスタイルを選ぶことを人々に訴えている．

実は，カーソンは第 13 章「狭き窓より」および第 14 章「四人にひとり」において，科学技術の例として農薬など化学物質の問題だけでなく，当時起こった水爆実験による第五福竜丸の被爆に関連して放射線の危険性も取り上げ，人間にとって「化学物質」と「放射線」が大きな壁になると論じていた．私たちは東日本大震災を経験し，このカーソンの指摘を重く受け止める必要がある．

なお，はじめの「寓話」採用の是非に関して「カーソンの遺稿集」を編集したリンダ・リアによれば，まるで SF 小説だと酷評する者もいたし，対照的に寓話の使用はみごとな修辞的手段であり，地球がしだいに毒されていくという，ぞっとする主題を独創的な手法で紹介していると賞賛した者もいたという．また，リアは「寓話」を現代ノンフィクションの歴史に残る印象的な文章であるとも語っている (*44)．

以上の解説や副教材などを参考に，『沈黙の春』からのメッセージを検討していただこう．

『センス・オブ・ワンダー』と『沈黙の春』をつなぐもの

では，カーソンはこの二つの作品を通して読者に何を語り，何を訴えていたのだろうか．何か両者をつなげるものがあるのだろうか．20年ほど前，環境教育に関連する研究会でカーソンをテーマに取り上げたとき，参加者から，『センス・オブ・ワンダー』は自然観察に主眼が置かれ，『沈黙の春』は主として環境汚染問題が取り上げられているが，それをどうつなげるのかという質問を受けたことがある．

環境教育が始まったころ，学校では「自然観察」「空き缶回収」「河川清掃」など多様な学習が行われており，何が環境教育なのかという戸惑いが教員の中に見られた．そこで，第3章〈3.3〉で紹介した環境教育の体系図（図6）を示し，たとえば「自然観察」は図の底辺にある「自然的環境に関する学習」に，また「空き缶回収」や「河川清掃」は二段のぼった位置の「環境問題についての学習」にそれぞれ相当するなどの説明を試みたことがある．上の質問にもこの体系図を用いて二つの作品の位置づけ（『センス・オブ・ワンダー』は「自然的環境に関する学習」，『沈黙の春』は「環境問題についての学習」）をした上で，両者をつなげるものとしてこの体系図の最終目標「望ましいライフスタイル・文明（持続可能な社会の構築）」にヒントがあることを紹介した．ここでも各学習者なりのつなげ方をし，お互いにそれを出し合い議論を深めていただきたい．

以前，"カーソンは『沈黙の春』で農薬の危険性を訴え，また晩年の『センス・オブ・ワンダー』で自然に対する感性の重要性を提起しているが，これらを貫くものはまさに現代文明に対する批判的精神である"（*45）と前置きして両者のつながりを筆者なりに論じたことがあるが，それを土台に改めてこの問題についての考えを記しておこう．

まず，カーソンは現代文明への批判的精神があったとはいえ，「科学」自体は肯定しており，問題視していたのは「安易な技術主義」（どのような技術を何のために開発し，どう使うか，それによって自然界がどうなるかなどをしっかり検討しない立場）であった．その自然界に関してのカーソンの考えは生態系的立場であり，それは「海の三部作」の記述から十分汲み取ることができる．また『沈黙の春』のはじめには「アルベルト・シュヴァイツァーに捧ぐ」として彼の言葉が記されているように，彼の「生命への畏敬」がカーソ

ンに大きく影響を与えていた.

　筆者の理解によれば，その自然（特に生き物）のもつしくみを無視した技術開発を批判し，そうならないためには人々が自然についてよく「知る」ことが必要であるが，その前提として小さいころに自然とのふれあいを大切にし，自然への感性を培ってほしいということであろう.『センス・オブ・ワンダー』の解説でも取り上げた「知ること」と「感じること」を比較した文章から「知る」ことは必要でないのかという質問を受けることがあったが，それは，よりよく「知る」ための土壌として「感じる」ことがさらに大切であるという意味であると答えている.また，「センス・オブ・ワンダー」は自然からでないと得られないのかということも聞かれることがあるが，必ずしも自然である必要はなく，人為的な事象からもそれなりの感性は得られるであろう.

　最後に，カーソンがこの世を去る前年，カイザー財団病院グループが主催したシンポジウムでのカーソンの言葉が副教材『失われた森』に採録されているので，一部を紹介しておく.

　「人間と環境とのかかわりという問題は，ずっと以前から，私にとってももっとも重要なテーマでした．私たちは，人間は特別な存在だと考えがちですが，じつのところ，人間は周囲の世界と無関係に生きることはできません．私たちはみな，物理学的・化学的・生物学的な力が織りなす，複雑で動的な相互関係のまっただなかで生き，人間と環境とはたがいに影響しあい，その関係はけっして途絶えることなく，はてしなくつづいているのです」(*46).

　以上，環境文学と環境教育をつなげる事例を紹介した．さらに他の作品を用いた環境教育が生み出されることを期待している.

引用文献

（*1）　鈴木善次「持続可能な社会を築く食環境の学習―現代の食環境教育論」鈴木善次監修，朝岡幸彦ほか編著『食農で教育再生―保育園・学校から社会教育まで』農文協，2007年，pp. 188-204.
（*2）　中村靖彦『食の世界にいま何がおきているか』岩波新書，2002年.
（*3）　鈴木善次，前出（*1）.

(＊4) 山本博史『現代たべもの事情』岩波新書，1995 年．
(＊5) 『平成 23 年度食育白書』独立行政法人日本スポーツ振興センターの調査．2013 年 4 月 7 日検索．
(＊6) 鈴木善次，前出 (＊1)．
(＊7) 鈴木善次「農業生産技術の『近代化』」中山　茂・吉岡　斉編著『戦後科学技術の社会史』朝日選書，1994 年，pp. 158-162.
(＊8) 「農林省累年統計表 (明治元年〜昭和 28 年)」，「農林省統計表」(第 33 次，昭和 31 年，第 42 次，昭和 41 年)，「農林水産省統計表」(第 86 次，平成 22-23 年) などから筆者が計算．
(＊9) 村井吉敬『エビと日本人Ⅱ―暮らしのなかのグローバル化』岩波新書，2007 年．
(＊10) 淺川芳裕『日本は世界 5 位の農業大国―大嘘だらけの食料自給率』講談社＋α新書，2010 年．
(＊11) 沖　大幹・吉村和就『日本人が知らない巨大市場―水ビジネスに挑む』技術評論社，2009 年．
(＊12) 厚生労働省「平成 23 年度給水人口と水道普及率」表で計算すると全国平均で，上水道 93.5%，簡易水道 3.6%，専用水道 3.4% となっている．
(＊13) 沖　大幹ほか，前出 (＊11)．
(＊14) 野中和夫編『江戸の水道』同成社，2012 年．
(＊15) 柴田明夫『日本は世界一の「水資源・水技術」大国』講談社＋α新書，2011 年．
(＊16) 気象庁ホームページ(http:www.data.kishou.go.jp/climate/cpdinfo/temp/index.html) より．「日本　年降水量偏差の経年変化」，2013 年 4 月 11 日更新．4 月 24 日検索．
(＊17) 経済産業省資源エネルギー庁電力・ガス事業部監修，電気事業連合会統計委員会編『電気事業便覧』，2010 年．
(＊18) 鈴木善次・原田智代・玉巻佐和子「環境教育と STS 教育との関連性についての諸考察」『大阪教育大学紀要』第Ⅴ部門，第 39 巻第 1 号，1990 年 9 月，pp. 85-94.
(＊19) 鈴木善次ほか，前出 (＊18)．
(＊20) 鈴木善次「日本科学教育学会における環境教育・STS 教育研究の動向」『日本科学教育学会 20 周年記念論文集』日本科学教育学会，1996 年，pp. 197-201.
(＊21) P. A. Rubba: Goal and Competencies for Precollege STS Education: Recommendations Based upon Recent Literature in Environmental Education, Jour. Environmental Education, Vol. 19, No. 4, 1988, pp. 38-44.
(＊22) H. Hungerford et al.: Goals for Curriculum Development in Environmental Education, Jour. Environmental Education, Vol. 11, No. 3, 1980, pp. 42-47.
(＊23) 鈴木善次・原田智「歴史的視点を加えた環境教育教材の開発 (1)」『日本

科学教育学会研究会研究報告』Vol. 5, No. 3, 日本科学教育学会, 1990 年, pp. 1-6.
(＊24) 山田俊弘「地学教育と STS―高校における地震学史の授業の試みから」『日本科学教育学会研究会研究報告』Vol. 5, No. 4, 日本科学教育学会, 1991 年, pp. 21-24.
(＊25) 鈴木善次ほか, 前出 (＊23).
(＊26) 小林傳司『誰が科学技術について考えるのか―コンセンサス会議という実験』名古屋大学出版会, 2004 年.
(＊27) 平川秀幸『科学はだれのものか―社会の側から問い直す』生活人新書, NHK 出版, 2010 年.
(＊28) 加藤貞通「環境文学入門―自然とのコミュニケーションを回復する」『メディアと文化』第 3 号, 名古屋大学大学院国際言語文化研究科, 2007 年, pp. 103-113.
(＊29) 高津祐典記［朝日新聞 Digital］, 2013 年 4 月 27 日検索. http://www.asahi.com/culture/news_culture/TKY20100621010.html
(＊30) 中島邦雄「環境文学の系譜―H. D. ソロー, H. パーシェ, 石牟礼道子 (1)」『かいろす ドイツ語ドイツ文化研究』第 45 号, 2007 年, pp. 66-93.
(＊31) 野田研一「『エコクリティシズム』が提示する新しい環境文学研究」立教大学.
(＊32) 伊藤詔子監修, 横田由理編『オルタナティヴ・ヴォイスを聴く―エスニシティとジェンダーで読む 現代英語環境文学 103 選』音羽書房鶴見書店, 2011 年.
(＊33) 上岡克己「ヘンリー・D・ソローとレイチェル・カーソン」レイチェル・カーソン日本協会編『「環境の世紀」へ―いまレイチェル・カーソンに学ぶ』かもがわ出版, 1998 年, pp. 59-67.
(＊34) 飯田 実「解説」, ソロー著, 飯田 実訳『市民の反抗』岩波文庫, 1997 年, p. 368.
(＊35) レイチェル・カーソン著, 上遠恵子訳『センス・オブ・ワンダー』佑学社, 1991 年, 新潮社, 1996 年.
(＊36) レイチェル・カーソン著, 青樹簗一訳『沈黙の春』新潮文庫, 1974 年, 2004 年改版.
(＊37) レイチェル・カーソン著 (海の三部作訳書) ①上遠恵子訳『潮風の下で』岩波現代文庫, 2012 年, ②上遠恵子訳『海辺―生命のふるさと』平凡社ライブラリー, 2000 年, ③日下実男訳『われらをめぐる海』ハヤカワ文庫, 1977 年.
(＊38) リンダ・リア編, 古草秀子訳『失われた森』(レイチェル・カーソン遺稿集) 集英社, 2009 年.
(＊39) M. L. Herman, J. F. Passineau, A. L. Schimpf, P. Treuer "Teaching Kids to

Love the Earth", Pfeifer-Hamilton, 1991.
(＊40)　上遠恵子「記念講演Ⅰ　レイチェル・カーソンと宮沢賢治」岩手大学 ESD 推進委員会編『岩手県幼小中高大専 ESD サミットの記録』2009 年，pp. 25–26.
(＊41)　竹内通夫「カーソンと『センス・オブ・ワンダー』」レイチェル・カーソン日本協会編『「環境の世紀」へ―いまレイチェル・カーソンに学ぶ』かもがわ出版，1998 年，pp. 131–148.
(＊42)　レイチェル・カーソン，前出（＊36）の訳文．
(＊43)　レイチェル・カーソン，前出（＊36）の訳文．
(＊44)　リンダ・リア編，前出（＊38）の訳文，p. 272.
(＊45)　鈴木善次「科学文明とカーソン，そして教育」レイチェル・カーソン日本協会編『「環境の世紀」へ―いまレイチェル・カーソンに学ぶ』かもがわ出版，1998 年，pp. 189–198.
(＊46)　リンダ・リア編，前出（＊38），p. 256.

終 章
展望
望ましい文明と環境教育・環境教育学構築を目指して

　最近における世界の動きは目まぐるしいという印象をもつ．人間環境という視点で捉えたとき，筆者にはそれが厳しい方向に進みつつあるように思えるのである．そうした印象を与えるのは昨年（2013 年）見られた台風，豪雨，竜巻などの自然的事象の「異常さ」である．また，人為的事象においても国際的，あるいはそれぞれの国において「共生」や「持続可能性」と異なった方向への動きが見られていることもその印象を強めている．本章ではそれらのことを念頭に置きながら，これまでの五つの章で示したことの「まとめ」を述べ，その上でこれからの環境教育のあり方，さらに環境教育学構築における課題などを取り上げてみよう．

1　これまでの「まとめ」

（1）環境教育の定義・再確認

　筆者は「環境教育はこれまで自分たちが享受してきているライフスタイル（科学文明）を問い直し，より望ましいライフスタイル（文明）を探し求める共同の学習である」という定義を行った（第 1 章，第 2 章）．当然，この定義を人々に検討していただくためにはそこに用いた言葉（「環境」「文明」「科学」など）についての共通認識が必要であり，それらについての筆者なりの理解，解釈などを示した（第 1 章）．その中でも筆者が強調したことの一つは，「環境」という言葉に関連して「環境主体」という概念の重要性であった．人々が「環境」や「環境問題」を自分にかかわる事柄であるということをしっかり受け止めてほしいと考えたからである．しかし，それはけっして「自分本位」でよいという意味ではない．現在，目標としている「持続可能な社会」の構築のためにはそれぞれの環境主体の立場を尊重しあうことが不可欠であ

り，そこから定義には「共同の」という言葉を取り入れてある．

次にこの定義に取り入れた「科学文明」に関連して，「科学」と「科学技術」および「文化」と「文明」，それぞれの関連性についても筆者なりの考えを示した（第1章）．人によってこれらの違いについての理解，解釈が異なっている場合があり，それを明確にしないと「科学文明の問い直し」が人によってばらばらになるからであった．第1章の本文からもおわかりのように筆者は，前者に関しては「科学」は考え方・思想であり，「科学技術」はそうした考え方・思想に基づき生まれた知識を活用して開発される技術（科学的技術）であるという立場，後者に関して両者は対立概念でなく，「文化」も「文明」も人間のライフスタイルを表す言葉であり，「文明は文化の一つの形態である」というように連続した概念であるという立場をとっている．

(2)「科学文明」を視座とする意義や理由など・再確認

次に本書の副題を「科学文明を問い直す」とした意義や理由などを再確認しておこう．

「環境」という視点で表現すると「人類の歴史はそれぞれの時代や地域で生じた環境問題の改善，解決のためのライフスタイル問い直しの足跡である」ともいえる．その延長線上に現代の科学文明というライフスタイルがあり，今日の環境問題があるとすれば当然，その問い直しのための学習（環境教育）も科学文明を視座にすることが求められる．学習にあたっては科学文明の特徴を把握し，その特徴のどのようなことが今日の環境問題を生み出す原因になっているのかを明確にする必要がある（第1～3章，第5章）．筆者が前項で科学と科学技術の定義を明確にすることの必要性を強調したのは，「科学的思考」と「科学的技術の開発」を混同し，科学的に考えることすら否定する議論や活動（たとえば，オカルト）が見られたからである．

ただ，すでに第1章で述べたように最近の「科学研究」は社会（政治・経済など）の側からの要請に基づく「技術開発」を前提に展開される傾向が強くなっていて，「科学技術」もそうした状況を表す言葉として使われるようになっている．「科学文明」再考においては，そうした状況も視野に入れながら検討することが必要である．

本書ではその検討のための場として，第5章後半で動力技術の変遷を事例

にしたSTS教育（科学と技術と社会の関連性を学ぶ活動）および『沈黙の春』などで科学技術のあり方を論じたレイチェル・カーソンの思想についての学習を取り上げた．前者では今日問題となっている「原発」を含めたエネルギー資源入手の状況を人類史的視点で比較し，これからのエネルギー資源のあり方を検討すること，後者では化学農薬を事例にして「感性」と「理性」をもって「安易な技術主義」批判を展開したカーソンの思想的原点ともいえる「生命への畏敬」という精神を「環境主体」（人間だけでなく，他の生物も含めて）という視点をもって科学技術のあり方を考えることをそれぞれ期待している．

なお，この項目の課題は本章後半でESDなどと関連づけてさらに検討することにする．

（3）「環境教育」は21世紀の教育の中核であるという確信

筆者は第3章で二つのレベル，一つは環境教育レベル，もう一つは環境教育を中心にそれと関連する各種の教育を含めたレベルの体系図（全体像）を示した．

前者を作成した動機は1990年前後，各地の学校や市民グループなどで環境教育という名のもとで自然観察，空き缶回収，街並みウォッチングなど幅広い内容の活動が行われ始めたころ，実践に当たる人たちから「何が環境教育なのか，はっきりしない」という疑問が示されたことであった．

これに関連して筆者は「序章」で自らが人間環境の現状を把握し，その上で今日の教育を見直し，学校なり，環境保全団体なりでそれぞれの環境教育の全体像を描くことが望ましいという意味のことを述べたが，あくまでも環境教育を他人事として受け止めないでほしいという気持ちからであった．もちろん，先行研究などからの情報は有効に活用する必要がある．ここに筆者が提示した体系図も，イギリスでの環境教育に関する構成要素（環境についての教育，環境のための教育，環境の中での教育）を参考にしている．

後者の場合は1990年代前半，環境教育の他に人権教育，道徳教育などを同時に行っている学校での実践活動を見学したことや，もともと現代の環境問題を科学文明というライフスタイルの問題であると位置づけていたことから，図の周辺に配した各教育も「環境」という視点で捉えることができるという意識が生まれた．1997年のテサロニキ宣言による環境教育の定義づけ

(第 2 章) の拡大は，その筆者の意識を強固なものにした．

2005 年から始められた「持続可能な開発のための教育 (ESD) の 10 年」(DESD) も 2014 年で終了するが，筆者はこの ESD の中核をなすのが環境教育であると確信している．

(4) 環境教育の実践における学習者の主体性尊重と「共育」の大切さ・再確認

環境教育が自分たちのライフスタイルの問い直しであるとすれば，学習者は主体的に学ぶことが望ましい．その意味から「環境教育」といわないで「環境学習」と表現することがしばしば見られている．筆者は，本書では「教育」という言葉の中に「自ら学ぶ」という意味を含めて「環境教育」を用いることにした．教育に当たる側が学習者の自主性・主体性を尊重することによって，「教育」と「学習」は結びつくことができるのではないかと考えるからである (序章，第 4 章)．その場合には，教育に当たる側は主として学習者のサポーターとしての役割を果たすことになる．

このサポーターの具体例として，「こどもエコクラブ」における子どもたちの主体的な活動を支える大人 (教員，保護者など) たちを挙げることができる．名づけて「こどもエコクラブ・サポーター」(BOX4)．また，主体性を尊重し，主として地域の課題を学習する教育活動として設けられた小学校・中学校・高校の「総合的な学習の時間」における教員や保護者，地域の人々もサポーターとしての位置づけになる．児童・生徒たちが主体的に見出した課題の解決に向けて，あるいはまだ課題を考えられない者たちに対して，それぞれ助言することが求められる．

ところで学習者どうし，あるいは学習者とサポーターとの関係で，共に望ましいライフスタイルを求めることになるが，そこで大切なことは「共に学び，共に育つ」という姿勢である．高田研ら (第 4 章〈4.1.1〉) が指摘するように環境教育はあくまでも環境「共」育である．この環境「共」育を実現する上で筆者が常に心がけていることは，お互いに「他者の立場を尊重」しあうということ．それは，今環境教育が目標としている「持続可能な社会」の構築にとって不可欠な事柄であると考えているからである．

（5）「総体としての人間環境」把握の大切さ・再確認

　人間環境はさまざまな環境要因から成り立っているが，私たちはそれらが複雑に組み合わされた状態の中で生活している．その状態の是非を評価するときにはどうしても一つずつ環境要因を取り出して検討せざるをえないが，その際に，ともすると他の環境要因との関連を忘れてしまい，その結果，別の課題を生むことになる．すなわち，一つの環境要因に関して「改善」されたと評価されることが，他の環境要因から見ると「改悪」になることがあるということである．たとえば，食料生産量の増加は，その食料に依存している人にとっては「食環境」の「改善」であると評価されるであろうが，その生産過程で使われた有害な農薬などに汚染された水をその人が使用する場合は，「水環境」の「悪化」という逆の評価がされるなどである．そうした点を防ぐためにも，できるだけいろいろな環境要因を関連づけた「総体としての人間環境」という視点での検討を期待している．

　ところで，この問題に関してもう一つ忘れてはならない概念がある．それは「環境主体」という概念である（第1章）．同じ環境主体の間での「改善」「改悪」という話だけでなく，他の「環境主体」にとっての「改善」「改悪」ということも見られる．上に取り上げた「食環境」と「水環境」との関連での事例として，国外からの食料輸入に伴って生産国における地下水の枯渇や土壌流出などの連鎖的現象が注目された（第5章）．

　こうした事例の場合，食料輸入国では「食環境」の「改善」だと喜ぶ人たちがいる一方で，食料生産国，特に生産地では「水環境」や「土壌環境」の「悪化」という被害を受ける人たちがいるはずである．私たちにとって必要な視点は自分という「環境主体」だけでなく，他の「環境主体」にとってはどうなのか，ということである．

　こうした「環境要因」間の関係，また「環境主体」の明確化という視点の育成は優れて環境教育にとって重要な事柄である．それらの学習の一つの方法として，筆者は一つの環境要因を軸にして他の要因を関連づけながら学習する「統合的プログラム」と名づける方法を提案した（第5章）．また「環境主体」の明確化は，本節の4項でも述べた「他者への配慮」や「他者への思いやり」の心があってはじめて成り立つものである（*1）．

以上，主に五つの項目にまとめて筆者が本書で強調したいことを述べさせていただいた．

2 今後の環境教育のあり方および環境教育学構築への道

（1）「科学文明」再考につながる「環境教育」（ESD）とは？

ここでは前節の2項でも取り上げた本書の副題「科学文明を問い直す」という視点で，今後の環境教育のあるべき姿を検討してみる．

すでに述べたように現在，環境教育に関連して「持続可能な開発のための教育」（ESD）が国の内外で展開されている．人によっては「持続可能性のための教育」などと呼んでいる．筆者は「持続可能な社会の構築のための教育」を用いることが多い．どうも「開発」という言葉に抵抗を感じるのである．しかし，ESDという言葉は国際的に定着しており，ちょうど「公害」という言葉の場合と同様，「固有名詞」として使うことにし，「環境教育はESDの中核的存在である」などと述べている．

では，そもそも「持続可能な社会」とはどのような社会なのだろうか．極端な言い方をすれば，「これからも人類が地球上で生活していけるしくみをもった社会」ということである．日本の環境行政が示している文章を参考までに紹介すれば，"健全で恵み豊かな環境が地球規模から身近な地域までにわたって保全されるとともに，それらを通じて国民一人ひとりが幸せを実感できる生活を享受でき，将来世代にも継承することができる社会"（*2）というもの．ついでだが，筆者の文のように単純に「生活していける」というのでなく，「幸せを実感できる」という修飾語が「生活」につけられている．そうなると一人ひとりの価値観によって「幸せ」観が異なり，「持続可能な社会」のイメージも多様なものになる可能性はある．実はここにも「環境主体」の概念が必要になる．

さて，科学文明の問い直しにつながる環境教育（あるいはESD）のあるべき姿を考えるのであるが，筆者が第3章で"「持続可能な社会」の構築を目指す人材が身につけてほしい基本的な概念（キー・コンセプト）"として紹介したもの（「循環」「有限性」など）を物指しにして，この文明を支える重要な構成要素である科学技術の開発のされ方，使われ方などを科学・技術そのもの

の分野だけでなく，それにかかわる社会的状況（経済や政治など）も調べ検討しあい，「持続可能な社会」の構築という視点から評価するなどの学習が行われることを期待したい．

　たとえば，「資源の枯渇」問題の対策として「循環型社会」の構築が挙げられ，それに関連して 3R (Reduce, Reuse, Recycle) の大切さとそれにかかわる技術開発の必要性が謳われることがある．この 3R の中で学校などの環境教育でよく行われてきているのが Recycle 活動であり，上に紹介した環境教育で習得してほしい基本的概念（キー・コンセプト）の一つ「循環」が活用されている．

　しかし，最近環境省は Recycle だけでは資源の「有限性」に対応する「節約」が不十分であると認識し，2R (Reduce, Reuse) に力を入れるようになった．これに呼応して，2013 年に「びんリユース推進全国協議会」（ガラスびんの再使用を奨めている団体）において「2R 環境教育」プロジェクトが組織され，筆者もその一員として加わり，学校を中心に 2R の大切さを学んでもらう活動が開始された(*3)．

　この事例でも，環境に配慮した科学技術の開発という視点が見られる．今，ほとんどの飲料や液体調味料などの容器はプラスチック製であり，びん製は少なくなった．同じ容量の両者を比較した場合，たとえば重さではもち運びするときにはプラスチックの方が「楽」．しかし，リユースされることはほとんど見られないでリサイクルされる．この「重さ」という点を改良した軽量型のガラスびんが開発されたそうである．

　すでに第 5 章の「環境教育と STS 教育の統合的プログラム」の項で述べたことであるが，「必要は発明の母」という言葉の場合にも，「誰にとって，何のために」必要なのかという視点をもって科学技術の評価，大きくは科学文明の再考にあたってほしい．そのときの物指しになる環境教育的キー・コンセプトとしては，「共生」「公平・公正」などが大切な役割をもつであろう．最近の技術開発は「発明は不必要の母」という言葉が当てはまるという印象をもつのは，筆者だけであろうか(*4)．

（2）環境教育学構築への道

　さて，本書の最後の項目になった．「環境」時代といわれて久しい．環境教

育も生まれて40年余りになる．現在では，「ESD」と重なる形で「持続可能な社会」の構築に寄与する人材育成のためのさまざまな教育実践や理論構築などの活動が展開されている．しかし，人々を取り巻くさまざまな環境は必ずしも改善されたという状況ではない．「知識」と「行動」が結びつかないという声を聞かされることもある．さらなる実践活動，理論構築などが必要のようである．

　筆者は本書の序章および第2章で「環境教育に関する研究」を「環境教育学」と名づけ，「教育学」に倣って「原論」「内容論」「方法論・実践論」「評価論」などの研究分野がありうることを紹介した．これらの研究において参考になるのが，第2章で紹介した環境関連の学問分野の研究成果であろう．「原論」の場合には「環境哲学」「環境倫理学」などが，「内容論」では「環境経済学」や「環境化学」など，また「方法論・実践論」では「環境心理学」や「自然体験学習」などというように．また，「環境科学」や総合化された「環境学」からも，さらには科学史，科学論，科学思想などから有益な情報が入手できるであろう．

　また，環境教育研究や実践にとって参考になるものとして，諸外国におけるその分野の活動状況の把握がある．筆者がここで改めて強調するまでもなく，すでにいくつものそうした活動が見られてきている．筆者が所属している日本環境教育学会では「国際交流委員会」が組織されていて，東アジア，北アメリカ，オーストラリアなどとの交流が進められている．

　その活動の一つとして，日本，中国，韓国の研究者からなるプロジェクト研究「東アジアの環境教育実践」（2006～2007年）が行われた．プロジェクトのリーダーで早くからこの分野で活躍している諏訪哲郎は，1990年以降の中国，韓国での環境教育の実践状況を紹介し，それに基づき学校における「教科化」や「教科書作り」，さらに「学校・地域社会・教育行政の連携」という視点から，これからの日本における環境教育のあり方を検討することの必要性を指摘していた（*5）．

　いうまでもなく，こうした国際交流は双方にとって益するものであってほしい．北京と神戸での会議でお会いしたことのある中国の周又紅（北京市西城区青少年科技館）がこのプロジェクトに参加し，当時の中国の状況について"中国は地域が広く発展も不均衡，……青少年への環境教育の状況は地方

によって大きな差異がある．しかし，環境保護は中国の基本的国策の一つであり，……環境保護活動と環境教育は活発化しており……"と述べていた（＊6）が，急速な近代化（工業化），大きくは科学文明化の流れの中で生じている最近の大気汚染など中国の環境問題解決に向けてどのような環境教育が展開されているか，そこに「公害教育」を含めて日本の環境教育の「実践知」がかかわりをもっているか，「科学文明再考」という視点はどうかなど関心のあるところである．「持続可能な社会の構築」は国際協力なくして成り立たない．そうした意味からも，国際交流もまさに「環境『共』育」である．

「科学文明」再考に関してもう一つ指摘しておきたいことがある．それは第5章の最後に取り上げたレイチェル・カーソンの思想とも関係するが，「理性」と「感性」のバランスのとれた「生き方」を可能にする「環境教育学」の構築である．そうなると「環境芸術学」「環境文学」などからの「知見」も役立つであろう．しばしば現代の文明を称して「物質文明」と呼ぶことがある．「心」を忘れて「もの」に執着することを批判してのことであろう．筆者もその態度への批判には同感する．ただし，「科学文明」＝「物質文明」ではない．科学文明には「科学技術」の他にもう一つの構成要素「科学的思考」があり，筆者はそのことの大切さは維持している．

最近，環境教育学の構築を目指している大森享は，"自然と人間との関係性を研究領域とする環境教育学"という前提のもと，この学問が"持続可能な地域・社会・国家に向けた教育の中核"を担うという考えを示している（＊7）．大森のいう「自然と人間との関係性」は長い人類史において文化や文明という姿で示されてきていることであり，文明のあり方を視座に環境教育学構築を目指している筆者の考えと重なる．その教育が持続可能性のための教育の中核であるという立場でも共通しており，大変心強いところである．

最後に，筆者が以前出版した2冊の本を取り上げる．すでに紹介したものであるが，『人間環境論』(1978年)と『人間環境教育論』(1994年)．いずれも内容の乏しいものであったが，タイトルに「人間」という言葉をつけた．それはいずれも根底に「人間の生き方」を問うという考えがあったからである．この流れに従うと，本書は「人間環境教育学原論」ということになるのであろうが，すでに「環境教育」が「人間にとっての環境に関する教育」という意味であることが定着していることやタイトルの長さから「人間」は省

略した．

　実はこの言葉によく似た学問，名づけて「環境教育人間学」を提案している『環境教育学』という本を編者（井上有一・今村光章）から数年前に頂戴していた．編著者によれば"「環境」を軸として，社会のありようと人間のありようを問い直すことで，教育のあり方を問い直す学問である"と（＊8）．この本の表題からも「人間」という文字が消えているが，筆者のものとその位置が異なっている．そこにはこれまでの環境教育の状況から社会変革，人間変革を通して新たな環境教育を創造するという意気込みを感じた．

　大森たちや井上らの研究，さらには国際交流を通して得られた情報などから今後の環境教育や環境教育学，大きくは 21 世紀の中核となる教育の構築にとって有意義な「知」が生み出されることを期待している．

引用文献

（＊1）　鈴木善次「思いやりの心を育てる環境教育」『大阪教育新聞』No. 156，大阪府公立小学校教育研究会，1998 年，pp. 4–10．

（＊2）　環境省「第 3 次環境基本計画　第 1 部　序章：目指すべき持続可能な社会の姿」〈2006 年 4 月〉の文より（この文は翌年〈2007 年 6 月〉に出された政府の「21 世紀環境立国戦略」にも引用されている）．

（＊3）　びんリユース推進全国協議会編集，小学校教材冊子『「もったいない」の気持ちを大切に―リデュース・リユースの環境教育教師用ガイドブック』2014 年．

（＊4）　鈴木善次「今年はレイチェル・カーソン没後 50 周年です」『しおかぜ』第 59 号巻頭言，レイチェル・カーソン日本協会関東フォーラム機関紙，2014 年．

（＊5）　諏訪哲郎「総説　中国，韓国における 1990 年以降の環境教育の展開―日本の環境教育普及にとって有効な手法を求めて」『環境教育』Vol. 18, No. 1, 日本環境教育学会，2008 年，pp. 54–65．

（＊6）　周又紅・韓静「中国における青少年への環境教育の実践」『環境教育』Vol. 18, No. 1, 日本環境教育学会，2008 年，pp. 82–88．

（＊7）　大森　享「持続可能性に向けた教育―知恵と力とわざを育てる学校環境教育実践」大森　享ほか著『3・11 を契機に子どもの教育を問う―理科教育・公害教育・環境教育・ESD から』創風社，2013 年，pp. 153–179．

（＊8）　井上有一・今村光章編『環境教育学―社会的公正と存在の豊かさを求めて』法律文化社，2012 年．

おわりに

　本書を手がけてから早くも2年余りが過ぎた．「はじめに」でも触れたように，今年はDESDの最終年である．先日（8月3日），筆者が所属している日本環境教育学会全国大会でも「DESDの10年と環境教育の未来」と題するシンポジウムが開かれたり，会員の研究発表でもESDに関連したものが多く見られたりした．それらの中には「環境教育・ESD」という表現で両者の関係を示しているものもあったが，両者の違いは明示されていなかった．また，ESDという言葉のみを用いた研究発表であっても，本書で筆者が示した広い概念での「環境教育」の範囲に含まれるものがほとんどであった．もちろん，どのような表現であっても，それらの教育の研究・実践は「環境の世紀」を暗転させないための大きな「力」であり，今後の活動を大いに期待している．
　そのためにも「はじめに」で述べた「環境教育とは何か」についてのさらなる研究，いわゆる「環境教育の研究」，すなわち「環境教育学」の構築が必要である．そのことについての筆者なりの考えは本書でも示したが，上に紹介した環境教育学会の大会でも数年にわたって「環境教育学を拓く」（安藤聡彦・井上有一・今村光章・原子栄一郎）をテーマに研究を続けているグループの発表があった．残念ながら筆者は同じ時間帯での自分がかかわっている研究会に出席したため，直接ご意見を聴くことはできなかったが，今大会の「研究発表要旨集」に書かれていた原子栄一郎さんの次の言葉"今，私たちが身を置いている持続不可能な社会を実現し支え続けてきた教育の学に代わる，新しいこれからの教育を，至誠をもって探求することが，現代の環境教育学の緊要な課題なのではないだろうか"に大きな期待感を抱いた．
　また，今年は『沈黙の春』最終章「べつの道」でこれまでのような「科学技術の安易な利用」に依存する生活から別れて「科学技術のあり方」をしっかり考えたライフスタイルを歩むよう私たちに言い遺して逝ったレイチェル・カーソンが他界して50年目に当たる．それを機会に今年5月，筆者もかかわっている「レイチェル・カーソン日本協会関東フォーラム」が主催し

て，科学史家やジャーナリストをお招きして市民との対話も目指したシンポジウム「べつの道へ」を開いたが，残念ながらカーソンの望みは叶えられていない状況が浮き彫りになった．特にカーソンが危惧した合成化学物質の種類は数を増して使用されているし，核物質の使用は禁止されていない．今回のシンポジウムでは時間的に科学者・技術者たちの専門家と市民の間での話し合いが十分でなかったが，こうした話し合いも環境教育の一つの姿であると考えている．

今回，本書を作成するに際して，本文や引用文献などでこれまでに発表されてきている環境教育およびそれに関連する分野での多くの著書や論文に見られる研究成果を引用したり参考にさせていただいたりした．一人一人のお名前を掲載することはできないが，著者の皆さまに心よりお礼申し上げる次第である．ときには理解不足のまま引用させていただき，ご迷惑をおかけしているものもあるかもしれない．そのときにはぜひ，ご指摘，ご教示をいただきたい．ただし，これらの中で故人になられた沼田眞，金田平，中川志郎，谷口文章の先生方からのご批評をいただけないのが残念である．この場をお借りして四人の方々への哀悼の意を表わさせていただく．

次に本書序章の「自分史」からおわかりのように，「環境」関連の教育ではほ40年間過ごしてきたが，その間に研究所，大学などの職場，また関係する学会，研究会などで出会った多くの人々からお教えいただいたことが筆者の環境教育活動にとって大きな糧となった．その方々のお名前も記すことが出来ないが，感謝の気持ちでいっぱいである．

ところで，本書には7つのBOXというコーナーを設けてある．筆者の研究室にかかわりをもつ人たちによる環境教育活動を紹介させていただいた．執筆に当たって，資料の提供などご協力いただき感謝している．BOX2の「「シカ」のスケッチ」は立澤さんが撮影したシカの写真を筆者の孫が点描したもの．

最後になったが，本書出版にあたっては東京大学出版会編集部の光明義文さんに大変お世話になった．出版の企画に始まり，原稿内容の適否，校正段階での緻密なチェックなどご尽力いただいた．ここに改めてお礼申し上げる．

2014年8月8日

鈴木善次

索　引

ア　行

相手の立場に立って考え，共感する心　176
アオコ　101
赤潮　101, 188
足尾銅山鉱毒事件　65
アジェンダ21　74
Animal educandum　57
アマゾンの熱帯林　189
アメリカ環境教育協会（NAEE）　69
アメリカ森林協会　61
アリストテレス　27
イギリスの環境教育　6, 118
生きる力　175
意識変革する学習　50
石牟礼道子　206
板橋エコポリスセンター　151
遺伝子組み換え技術　45
インダス文明　33
ヴォルテール　39
『失われた森』　207
内なる環境　93
エコ・カー　49
エコクリティシズム　207
エコクリティシズム研究会　207
エコミュージアム　153
エコミュージアム日本村　153
エジプト文明　33, 37
STSアプローチ　200
STS教育　126, 199, 200
STS研究　199
エネルギー環境　198
愛媛県立とべ動物園　155
エルトン，C.　99
Environmental Educationの造語者　69
Environmental Education Act（「環境教育法」）　69
「Environment」の訳語　14
大阪市立自然史博物館　152
大阪市立天王寺動物園　156

大津波　194
尾瀬保存期成同盟　64
オゾン層の破壊　116
オゾンホール　116

カ　行

開発教育　121
開発教育と環境教育の関係　123
開放系　102
科学　26
科学革命　30, 34
科学技術　28, 36
科学技術的環境　112
科学技術万能主義　36
科学技術文明　30
科学教育　126, 199
科学教育の現代化運動　8
科学啓蒙　59
科学啓蒙主義　39
科学史　92
科学史・技術史教育　200
化学的環境要因　21
科学的思考　39
科学的知識　40
「科学的」という意味　28
科学という言葉　26
化学肥料・農薬依存型栽培　44, 186
科学文明　29, 30, 34
学習　132
学習主体　135
「学習主体」の「主体性」　134
学力　174
学力（環境教育における）　175
学力競争　176
学力低下　174
学力の樹　175
カーソン，レイチェル　207, 208
学校ビオトープ　158
家庭環境　21, 127
家庭教育　127

ガリレオ・ガリレイ 28, 35
火力発電 202
川の「自浄作用」 48
「灌漑」農法 38
環象 14
環境影響評価法 21
環境絵本 137
環境科 140
環境カウンセラー 146
環境カウンセラー全国連合会 146
環境化学 84
環境科学教育 4
環境化学研究会 84
『環境学原論』 8
環境学習センター(環境学習施設) 150
環境革命 30
環境基本法 133
環境「共」育 134
環境教育学 7, 77
環境教育研究会 3
環境教育懇談会(環境庁) 5, 136
環境教育指導資料(文部省) 5, 140
環境教育推進法 79, 173
環境教育体系化 6
環境教育等促進法 79, 173
「環境教育」における「学習」 132
環境教育における「体験」 165
環境教育における「共に学び、育つ」 172
環境教育における「比較」 170
環境教育の「原論」領域 78
環境教育の全体像 118
環境教育の「内容論」領域 82
環境教育のプラットフォーム 142
環境教育の「方法論・実践論」領域 83
環境教育の目的(ベオグラード憲章, トビリシ勧告) 72
環境教育の「目的・目標」研究 80
環境教育の目標(ベオグラード憲章, トビリシ勧告) 71
環境教育の「理念」研究 78
環境教育法(アメリカ) 69
環境経済学 85
環境経済・政策学会 86
環境芸術学 225
環境考古学 32
環境史・環境歴史学 90

環境社会学 86
『環境社会学研究』(環境社会学会機関誌) 86
環境社会心理学 91
環境主体 15, 16, 20
環境心理学 91
環境世界(環世界) 17
環境地質学 85
「環境」という言葉 14
環境と開発に関する国連会議 74
環境と開発に関する世界委員会(WCED) 74
環境のための批判的教育 82
「環境」の定義 16
環境のレベル(範囲) 20
環境パートナーシップ 172
環境文学 206
環境への感受性 125
環境問題(定義) 18
環境問題解決策 48
「環境問題」と「環境主体」の関係 18, 19
環境要因(要素) 20
環境容量 106
環境倫理学 86
環境倫理の役割 79
関係性 98
感性 166, 213
環世界 17
間接経験 164, 171
機械論的自然観 35, 40
企業型公害 68
技術 28
技術開発・浸透 202
技術教育 126
技術史 92
技術主義 212
(環境問題の)技術的改善策 49
技術の二面性 48
客体的環境(客観的環境) 17
教育 132
教育改革運動 199
「教育」と「学習」の関係 132
教員養成 145
共生 104
(人間社会における)共生 105
共存・共生の力 176
キリスト教の自然観 35
近代科学の誕生 34

近代工業技術文明　38
『訓蒙窮理図解』　40
経験　163
下水処理場　198
ゲデス，P.　60
健康教育　128
健康問題　128
原子力発電　202
原子力発電所　42
原体験　164
現代都市環境　114
「現代都市」の学習　115
合意形成　205
公害教育　65
公害教育の定義　66
公害教育の歴史　66
「公害」という言葉　65
『公害に関する学習』（四日市市教育研究所・報告書）　67
『公害のはなし』（東京都）　2
公教育の設置　59
公正　105
行動学的展示（動物園）　154
高度浄水処理　44
公平　105
国際交流　224
「国際自然保護連合」（IUPN, IUCN）　63
国際理解教育　120
「国際理解教育」と「環境教育」の関係　122
国連人間環境会議　70
こどもエコクラブ　141, 147
子ども体験型環境学習事業　166
子どもの参画　172
コメニウス，J. A.　58
コンセンサス会議（科学技術に関する）　205

サ　行

再生可能なエネルギー　49
参画（主体的）　172
産業革命　36, 113
散歩科（成城学園）　167
シエラ・クラブ　61
時間軸・空間軸の拡大　171
資源・エネルギーの枯渇　117
システム　98
自然科学　125

自然学習（ネーチャー・スタディ）　60
自然環境復元協会（NPO）　159
自然教育　125
自然災害　110
自然生態系　107
自然生態系の人為化　109
自然体験学習　164
自然的環境　22
自然的事象　22
自然＝人間搾取系文明　38
自然＝人間循環系文明　38
自然のダム　197
自然保護教育　62
自然保護研究連絡委員会（日本学術会議）　65
「自然保護」という言葉　63
持続可能な開発　74
持続可能な開発に関する世界首脳会議（ヨハネスブルグ・サミット）　76
持続可能な開発のための教育（ESD）　76
持続可能な開発のための教育の10年（DESD）　76
持続可能な社会　49
疾病　110
『市民の反抗』　208
下泉重吉　64
社会環境　22
社会教育　126
（環境問題の）社会システム的改善　49
ジャックマン，W.　60
主体的環境（主観的環境）　17
循環　99
循環型エネルギー　202
循環型社会　49
蒸気機関　36, 202
浄水技術　43
浄水場　193, 198
消費者教育　127
消費者教育推進法　127
情報環境　46
『情報環境学』　47
「情報」環境の変化　46
「情報」の定義　46
食育　128
食育基本法　185
食環境　182
食環境教育　128, 182

食環境の変化　44
食環境問題　32, 182, 184
食事環境　184
食農教育　128
食のグローバル化　187
食の自給率　187
食の不公平な配分　187
食物連鎖　99
人為的な環境　22, 166
人為的事象　22
人権教育　123
人権教育と環境教育の関連　124
人権教育のための国連10年　124
人間社会における共生　105
人間とは教育されなければならない動物　57
人口増加圧　45
人類革命　30
水質汚濁・汚染　194
生活型公害　68
生活共同体教育論　60
『生活共同体としての村の池』　61
精神革命　30, 34
精神的環境　193
生態学的倫理　80
生態系（ecosystem）　99
生態的展示（動物園）　154
『成長の限界』　105
生物多様性　103
生物多様性という言葉　108
生物的環境要因　21
世界環境保全戦略　74
世界人権宣言　123
石油化学技術　47, 113
石油文明　47, 117
全国学校ビオトープネットワーク研究会　159
全国小中学校環境教育研究会　68
全国小学校・中学校環境教育賞（日本児童教育振興財団）　5
『センス・オブ・ワンダー』　207, 209, 210
全米オーデュボン協会　61
総合科目（大学）　140
総合的な学習の時間　138, 140
総体としての人間環境　197, 221
ソフト・エネルギー・パス　118
ソロー，H.　206, 208

タ 行

大旱魃　196
大気汚染　42
大気環境の変化　41
体験　163
体験型環境教育（学習）　166
体験の重要性（環境教育における）　165
第五福竜丸　211
他者への思いやり　175
田中正造　65
棚橋源太郎　61
玉川上水　195
多摩動物公園　154
タンスリー，A.　99
田んぼ　23
地域環境　22
地球温暖化　22
地球サミット　74
地産地消　45, 187
千葉県立中央博物館　152
長江の文明　33
調理器具の器械化　45
直接経験　163
『沈黙の春』　208, 209, 211
DDT　208
デカルト　35
テサロニキ宣言　75
電気文明　117
電磁誘導現象の発見　36
東京都小中学校公害対策研究会　2, 67
動物園　153
動力技術　201, 203
都市革命　30, 33
都市環境　22
都市生態系　115
都市文明　33, 37
トビリシ勧告　71
トビリシ宣言　71
トリハロメタン　43, 194

ナ 行

中西悟堂　64
ナショナル・トラスト　61
南北格差問題　105
2R環境教育　52, 223

索引

日本学術会議協力研究団体　83
日本環境教育学会　5, 224
日本自然保護協会　64
日本生態系協会　159
日本生物教育学会　8, 64
日本動物園水族館教育研究会　154
日本ビオトープ協会　159
日本野外教育学会　126
日本野鳥の会　64
ニュートン　35
人間環境宣言　70
ネイチャーライティング　206
熱帯林の破壊・減少　103
農業革命　30
農業生態系　109, 186
農業体験　190
農業の機械化　186
農業の工業化　187
農耕生活　31, 37
農耕の起源地　33
飲み水　192

ハ 行

廃棄物（ゴミ）問題　98
ハヴィガースト, R.　135
博物館　151
バケツ田んぼ　190
パーシェ, H.　206
バーチャル・ウオーター（仮想水）　188, 197
発達段階（人間の）　135
発電機　36
発電技術　202
ハート, R.　172
ハード・エネルギー・パス　118
パートナーシップ　172
パブリック・ニューサンス　65
バランス　100
ハンガーフォード, H.　200
半自然的環境　166
阪神淡路大震災　111, 160
比較（時間的・空間的）研究　170
東日本大震災　110
ヒートアイランド現象　101
百科全書派　39
兵庫県立人と自然の博物館　152
広島・安佐動物公園　154

びんリユース推進全国協議会　223
フィエン, J.　81
富栄養化　188
福澤諭吉　39
物理的環境要因　21
プリチャード, T.　69
ブルントラント委員会　74
フロンガス　116
文化　24
文学・環境学会　206
文化勲章　25
文化人類学　25
文化の多様性　104
文明　24
閉鎖系　102
ベイリ, L.　60
平和教育　124
平和教育と環境教育の関連　125
ベオグラード憲章　71
ベーコン, F.　58
ペスタロッチ, J.　59
保育園　137
保育者　137
報告書『公害に関する学習』（四日市市）　67
防災教育　110
放射性物質　42

マ 行

マルサス, T.　100
三浦半島自然保護の会　64
水環境　191
「水環境」と「食環境」の関連　197
水環境の変化　43
水環境問題　191
水戦争　196
水不足　194
水不足問題　196
南方熊楠　63
「見守る保育」　137
三好　学　63
無限性　101
メソポタミア文明　33, 37
メビウス, K.　60
モータリゼーション　42

ヤ 行

野外教育　125
山口の環境を考える会　3
ヤンガー・ドリアス　32
有限性　101
ユクスキュール，ヤコブ・フォン　17
ゆとり教育　175
ユネスコ憲章　125
ユネスコスクール　120
ユンゲ，F.　61
ユンゲの教育論　61
容器包装リサイクル法　52
幼児期における環境教育　136
要素還元主義　40
要素分析的方法（要素分析主義）　35, 40
幼稚園　137, 140
幼稚園教育要領　140
四日市教育研究所　67
ヨハネスブルグ宣言　76

ラ 行

ラッダイト（機械打ち壊し）運動　114
ラバー，P.　200
ランゲフェルド，M.　57
リオ・デ・ジャネイロ宣言　74
理科教育振興法　1
理科教育センター　1
リサイクルプラザ（廃棄物処理施設）　151
「理性」と「感性」のバランス　225
「領域環境」（幼稚園）　140
ルソー，J.　59
ローマクラブ　105
ロマン主義　36

ワ 行

和歌山公園動物園　157
『われら共有の未来（Our Common Future）』　74

著者略歴

鈴木善次（すずき・ぜんじ）

| 1933 年 | 横浜市に生まれる．
東京教育大学理学部・農学部に学ぶ．
東京教育大学農学部研究補助員，東京都内・神奈川県内で高校教員，神奈川県立教育センター研修指導主事，山口大学教養部助教授・教授，大阪教育大学教育学部教授などを経て， |
現　在	大阪教育大学名誉教授．
専　門	科学史・科学教育・環境教育．
主　著	『バイオロジー事始』（2005 年，吉川弘文館），『人間環境教育論』（1994 年，創元社），『日本の優生学』（1983 年，三共出版），『人間環境論』（1978 年，明治図書），『生物学のあゆみ』（1970 年，第一法規）（主な単著のみ記載）．
所属学会など	日本環境教育学会元会長・名誉会員（2014 年から），日本科学史学会会員，レイチェル・カーソン日本協会関東フォーラム顧問．

環境教育学原論――科学文明を問い直す

2014 年 9 月 25 日　初　版

［検印廃止］

著　者　鈴木善次

発行所　一般財団法人　東京大学出版会

代表者　渡辺　浩

153-0041 東京都目黒区駒場 4-5-29
電話 03-6407-1069　Fax 03-6407-1991
振替 00160-6-59964

印刷所　研究社印刷株式会社
製本所　牧製本印刷株式会社

© 2014 Zenji Suzuki
ISBN 978-4-13-060225-9　Printed in Japan

JCOPY 〈(社)出版者著作権管理機構 委託出版物〉
本書の無断複写は著作権法上での例外を除き禁じられています．複写される場合は，そのつど事前に，(社)出版者著作権管理機構（電話 03-3513-6969，FAX 03-3513-6979，e-mail:info@jcopy.or.jp）の許諾を得てください．

鬼頭秀一・福永真弓編
環境倫理学 ── A5判/304頁/3000円

多田満
センス・オブ・ワンダーへのまなざし ── 四六判/336頁/3200円
レイチェル・カーソンの感性

多田満
レイチェル・カーソンに学ぶ環境問題 ── A5判/208頁/2800円

盛口満
生き物の描き方 ── A5判/160頁/2200円
自然観察の技法

盛口満
昆虫の描き方 ── A5判/162頁/2200円
自然観察の技法Ⅱ

青木淳一
博物学の時間 ── 四六判/216頁/2800円
大自然に学ぶサイエンス

川辺みどり・河野博編
江戸前の環境学 ── A5判/240頁/2800円
海を楽しむ・考える・学びあう12章

ここに表示された価格は本体価格です．ご購入の際には消費税が加算されますのでご了承ください．